职业教育新形态系列教材
互联网+珠宝系列教材

首饰精密铸造工艺

袁军平　陈绍兴　陈德东　编著

图书在版编目(CIP)数据

首饰精密铸造工艺/袁军平,陈绍兴,陈德东编著.—武汉:中国地质大学出版社,2024.4
ISBN 978-7-5625-5818-7

Ⅰ.①首…　Ⅱ.①袁…　②陈…　③陈…　Ⅲ.①首饰-铸造　Ⅳ.①TS934

中国国家版本馆 CIP 数据核字(2024)第 061979 号

| 首饰精密铸造工艺 | 袁军平　陈绍兴　陈德东　编著 |

| 责任编辑:张玉洁 | 选题策划:张　琰　张玉洁 | 责任校对:宋巧娥 |

出版发行:中国地质大学出版社(武汉市洪山区鲁磨路 388 号)　邮政编码:430074
电　　话:(027)67883511　　传　　真:67883580　　E-mail:cbb@cug.edu.cn
经　　销:全国新华书店　　https://www.cugp.cug.edu.cn

开本:787 毫米×1092 毫米 1/16	字数:393 千字	印张:17
版次:2024 年 4 月第 1 版	印次:2024 年 4 月第 1 次印刷
印刷:湖北金港彩印有限公司	印数:1—3000 册
ISBN 978-7-5625-5818-7	定价:78.00 元

如有印装质量问题请与印刷厂联系调换

互联网＋珠宝系列教材
参编单位
(按音序排列)

安徽工业经济职业技术学院
北京城市学院
北京经济管理职业学院
佛山市顺德区郑敬诒职业技术学校
广州番禺职业技术学院
海南职业技术学院
昆明冶金高等专科学校
兰州资源环境职业技术大学
辽宁地质工程职业学院
宁夏工商职业技术学院
青岛经济职业学校
青岛幼儿师范高等专科学校
陕西国际商贸学院
上海工商职业技术学院
上海建桥学院
上海市机械工业学校
上海信息技术学校
上海远东现代职业培训中心
深圳市博伦职业技术学校
四川文化产业职业学院
武汉工程科技学院
武汉市财贸学校
梧州学院
新疆职业大学
云南国土资源职业学院

前　言

首饰坯件具有材质多样、结构纤细、款式复杂等特点,并且对表面质量要求很高。迄今为止,首饰坯件在生产时主要是采用精密铸造工艺成型的。相比机械加工、粉末冶金等其他成型工艺而言,精密铸造工艺具有许多突出的优点,例如:可以实现形状结构复杂的坯件成型,可以铸造出具有薄壁或狭小缝隙的结构;对材料的适用范围广,贵金属、铜合金、不锈钢、低熔点合金、钛合金等都可用于铸造成型;铸件尺寸精确,表面粗糙度低,可以大大减少铸件的切削加工余量;生产灵活性高,既适用于大批量生产,也适用于小批量或者单件生产。但是,首饰精密铸造是涉及多工序、多因素的复杂工艺过程,影响产品质量的因素众多,既涉及物理、化学、材料、机械等多学科的专业知识,又与实际操作技能、工作经验密切相关。

本书以《国家职业教育改革实施方案》为指导思想,落实《职业院校教材管理办法》的编撰要求,根据"项目引领,任务驱动"的思路进行框架设计,按照首饰精密铸造的实际生产工艺流程和岗位任务要求选取教材内容,注重以真实生产项目、典型工作任务、案例等为载体组织教学单元,并将首饰精密铸造最新技术进展状况纳入教材内容,突出理论和实践相统一、专业能力与职业素养相贯通,以使读者通过任务学习,掌握包括素养、技能、知识在内的系统化目标。

本书基于首饰企业精密铸造生产实践,梳理出原版制作、模型制作、蜡模制作、蜡树制作、铸型制作、金属预熔、熔铸成型、铸件清理8个主要工序,每个工序对应一个项目,并根据岗位任务要求,在每个项目中设置对应的学习任务。其中,原版制作项目中设置了手雕蜡版制作、光固化原版制作、熔融沉积成型原版制作、常规女戒的单水线设置、常规男戒的双水线设置5个任务;模型制作项目中设置了简单戒指银版高温硫化硅橡胶模的制作、带内凹戒指银版高温硫化硅橡胶模的制作、带细小转孔链节银版高温硫化硅橡胶模的制作、3D打印树脂版室温硫化硅橡胶模的制作、薄壁大光面吊坠蜡版合金模的制作5个任务;蜡模制作项目中设置了真空注蜡、自动注蜡、全自动生产线注蜡、金属模注蜡、蜡模修整5个任务;蜡树制作项目中设置了真空吸铸金银首饰的蜡树制作、离心浇注金银首饰的蜡树制作、铂金首饰的蜡树制作3个任务;铸型制作项目中设置了普通石膏铸型的制作、蜡镶石膏铸型的制作、酸黏结陶瓷铸型的制作3个任务;金属预熔项目中设置了配料、火枪熔炼、感应熔炼3个任务;熔铸成型项目中设置了配料、真空吸铸、真空加压铸造、真空离心铸造、真空连续铸造5个任务;铸件清理项目中设置了普通石膏型铸造首饰铸件清理、蜡镶石膏型铸造首饰铸件清理、酸黏结陶瓷型铸造首饰铸件清理、首饰铸造质量检验4个任务。原版制作项目和模型制作项目由陈德东执笔,蜡模制作项目和蜡树制作项目由陈绍兴执笔,袁军平负责其余项目内容的撰写并统稿。

在撰写过程中,作者得到了广州市艺辉铸造科技有限公司、广州市亿钻珠宝有限公司等多个企业的大力协助,书中许多照片、视频资料来自这些企业的实际案例,在此深表感谢!同时感谢广州番禺职业技术学院珠宝学院王昶教授、广州市艺辉铸造科技有限公司师道峰先生与邢永国先生,以及中国地质大学出版社全体编辑老师为本书撰写提出的宝贵意见和建议。

由于作者水平有限,书中难免有疏漏之处,敬请读者批评指正。

编著者

2023 年 12 月

目　录

项目 1　原版制作 …………………………………………………………… (1)
　任务 1.1　手雕蜡版制作 ……………………………………………………… (2)
　任务 1.2　光固化原版制作 …………………………………………………… (9)
　任务 1.3　熔融沉积成型原版制作 …………………………………………… (21)
　任务 1.4　常规女戒的单水线设置 …………………………………………… (31)
　任务 1.5　常规男戒的双水线设置 …………………………………………… (38)

项目 2　模型制作 …………………………………………………………… (42)
　任务 2.1　简单戒指银版高温硫化硅橡胶模的制作 ………………………… (43)
　任务 2.2　带内凹戒指银版高温硫化硅橡胶模的制作 ……………………… (54)
　任务 2.3　带细小转孔链节银版高温硫化硅橡胶模的制作 ………………… (59)
　任务 2.4　3D 打印树脂版室温硫化硅橡胶模的制作 ………………………… (64)
　任务 2.5　薄壁大光面吊坠蜡版合金模的制作 ……………………………… (69)

项目 3　蜡模制作 …………………………………………………………… (76)
　任务 3.1　真空注蜡 …………………………………………………………… (76)
　任务 3.2　自动注蜡 …………………………………………………………… (85)
　任务 3.3　全自动生产线注蜡 ………………………………………………… (92)
　任务 3.4　金属模注蜡 ………………………………………………………… (97)
　任务 3.5　蜡模修整 …………………………………………………………… (105)

项目 4　蜡树制作 …………………………………………………………… (113)
　任务 4.1　真空吸铸金银首饰的蜡树制作 …………………………………… (114)
　任务 4.2　离心浇注金银首饰的蜡树制作 …………………………………… (121)
　任务 4.3　铂金首饰的蜡树制作 ……………………………………………… (126)

项目 5　铸型制作 ……………………………………………………………（130）
　　任务 5.1　普通石膏铸型的制作 ……………………………………………（131）
　　任务 5.2　蜡镶石膏铸型的制作 ……………………………………………（144）
　　任务 5.3　酸黏结陶瓷铸型的制作 …………………………………………（150）

项目 6　金属预熔 ……………………………………………………………（157）
　　任务 6.1　配料 ………………………………………………………………（157）
　　任务 6.2　火枪熔炼 …………………………………………………………（170）
　　任务 6.3　感应熔炼 …………………………………………………………（182）

项目 7　熔铸成型 ……………………………………………………………（191）
　　任务 7.1　配料 ………………………………………………………………（192）
　　任务 7.2　真空吸铸 …………………………………………………………（196）
　　任务 7.3　真空加压铸造 ……………………………………………………（204）
　　任务 7.4　真空离心铸造 ……………………………………………………（211）
　　任务 7.5　真空连续铸造 ……………………………………………………（220）

项目 8　铸件清理 ……………………………………………………………（229）
　　任务 8.1　普通石膏型铸造首饰铸件清理 …………………………………（230）
　　任务 8.2　蜡镶石膏型铸造首饰铸件清理 …………………………………（242）
　　任务 8.3　酸黏结陶瓷型铸造首饰铸件清理 ………………………………（248）
　　任务 8.4　首饰铸造质量检验 ………………………………………………（253）

项目 1　原版制作

项目导读

在首饰生产中,熔模铸造是主要的成型工艺方法。原版制作是铸造工艺过程的首道工序,对铸造质量、生产效率等方面都有重要影响。传统的原版制作方法主要为手工雕刻蜡版。手雕蜡版是一种综合运用堆积叠加和消减两种手段的造型技术,通过参照首饰设计图,以蜡为对象,以雕蜡工具为介质,将首饰蜡雕刻出与设计图纸对应的蜡质模板。利用此种技术能够自由塑造原版模型,但是因为依靠手工,生产效率不高,而且产品质量的稳定性难以保证。随着科技的发展,原版制作主要依赖于 3D 打印成型工艺。3D 打印,学术上又称增材制造,是指通过三维建模,对模型进行切片处理,由设备逐层堆积,最终制造出与对应的数据模型完全一致的三维实体模型。3D 打印技术的应用,使得生产效率大幅提高,产品尺寸的精准度也有了保障。根据原材料形态的不同,3D 打印逐层堆积成型的方式也不同,包括光固化成型、熔融沉积成型和选择性烧结成型等。目前首饰原版制作以光固化成型和熔融沉积成型最为常用。

原版制作完成后要设置水线,水线是铸造过程中预留的金属液流动通道,同时也是铸件凝固收缩时的金属液补缩通道。水线的正确设置是保证铸造质量的基本条件,很多熔模铸造缺陷都直接或间接地由水线的不合理设置引起。设置水线时,既要遵循一些基本的原则,又要考虑首饰产品的结构、材质、尺寸等特点。

本项目通过 5 个典型任务及课后拓展任务,帮助学生掌握手雕蜡版制作、光固化原版制作、熔融沉积成型原版制作、常规女戒的单水线设置和常规男戒的双水线设置的基本原理及操作技能。

学习目标

- 熟悉原版的制作方法
- 掌握原版的制作要求
- 理解水线的作用
- 熟悉水线的不同类型与特点
- 理解水线位置设置的依据
- 掌握水线的焊接方法

职业能力要求

- 能够解读首饰原版结构
- 能够手雕蜡版
- 能够完成光固化原版的制作
- 能够完成熔融沉积成型原版的制作
- 能够设置单水线
- 能够设置双水线

任务 1.1 手雕蜡版制作

1.1.1 背景知识

1. 蜡材性质

蜡是制作首饰原版的基本材料。首饰行业使用的蜡材有多种,但是只有少数蜡的强度和韧性适度,适合雕刻蜡版,大多数蜡不是太脆就是太软,用常规的方法很难雕刻。评价一种蜡材是否适合雕刻蜡版主要从 5 个方面考虑,分别是硬度、强度、韧性、均匀性和熔点。

用于雕刻蜡版的蜡应具有足够的硬度,这样表面受到力的作用时才不容易被破坏,才能雕刻出精细的图案。

由于首饰的壁厚一般较小,有些首饰的壁厚甚至在 0.3mm 以下,因而要求雕刻用蜡具有足够的强度和韧性,这样薄薄的蜡材才不会变形或折断。

蜡材也应该具有均匀的密度。要保证蜡版的图案具有一样的清晰度,蜡的壁厚必须一致。在蜡材密度均匀的情况下,判断壁厚的方法通常很简单:对着灯光看蜡版各处的颜色,若壁厚不一致,则颜色会不同。但是,当蜡材密度不均匀时,即使壁厚相同也会呈现不同的颜色,这可能给操作带来误判。

对于直接用于熔模铸造的蜡版,还要求蜡材在焙烧过程中容易熔失、热膨胀系数小、焙烧后的残留物少等。

行业内著名的雕刻蜡品牌有 Ferris、Matt 和 Kerr 等。

2. 蜡材分类

根据性能和加工特点的不同,雕刻蜡有不同的分类方法。

1) 根据硬度分类

根据硬度可将雕刻蜡分为高硬度蜡、中硬度蜡和软蜡 3 类,为便于区分,行业中相应采用绿色、紫色和蓝色来表示。以 Ferris 牌雕刻蜡为例,绿蜡、紫蜡、蓝蜡的特点如下。

绿蜡:这种蜡硬度最高,弹性、柔软性最低。绿蜡是用得最广的雕刻蜡,可以用于雕刻角度锐利、精巧细致的蜡版,可以加工到 0.2mm 以下的厚度,能较好地保持其形状而不易变形,可以抛光到像玻璃一样光滑。由于绿蜡的韧性较低,雕刻大而薄的曲面时容易碎裂。绿蜡的熔化温度为 110℃,当它熔化时可立即变成液体,而不是经过黏稠阶段后才慢慢变成液体。对于绿蜡,可以方便地使用各种蜡锯、雕刻刀、蜡锉、机针进行切削锉磨和加工出表面纹理。

紫蜡:紫蜡具有中等硬度,有较好的弹性与柔软性,适用于制作结构较复杂的蜡版。紫蜡的熔化温度为 107℃,受热后就会变得较柔软,随着受热程度的增强而柔软得更明显,直到变为液体,因此不适合制作精细图案。

蓝蜡:蓝蜡的硬度最低,很柔软,适用于制作结构简单的一般蜡版,尤其适合应用于具球形或弧形表面的作品。一片 3mm 厚的蓝蜡放在开水中浸一会儿,就可以弯成半球形。蓝蜡最适合用刀来雕刻,不会像绿蜡那样飞出蜡粉,也不会像紫蜡那样一片片脱落。蓝蜡在 104℃熔化,但并不会变成流动的液体,而是保持一定的黏稠性。用蓝蜡来复制母版表面的图案时非常方便,但它不适合用于制作非常精细的图案,也不适合用吊机来加工。

2)根据形状、用途分类

以形状来分,蜡材有块状、片状、管状、条状、线状等。为便于生产运用,节省加工时间,减少蜡材损耗,也有各种预制定型蜡材或蜡配件可供选择,如戒指蜡、手镯蜡、镶口蜡、镶爪蜡及其他辅助造型蜡等。手工雕蜡常用蜡材的形状、特点及应用范围如表 1-1 所示。

表 1-1 手工雕蜡常用蜡材

蜡材类别	形状	特点	应用范围
硬蜡 (蜡砖、蜡片等)		硬度高,加工性能很好,非常适合雕刻	雕刻首饰、摆件及工艺品等的蜡版
软蜡		硬度低,易弯曲变形,可自由塑形	制作仿生饰品蜡版的线条部位,如植物叶片和藤蔓、昆虫翅膀肌理等

表1-1（续）

蜡材类别	形状	特点	应用范围
戒指蜡		针对戒指设计，有圆形和"U"形平台状，包括实心和中空两种类型，节省加工时间	制作男女戒指的蜡版
手镯蜡		可用于圆形、椭圆形、方形手镯的制作，节省加工时间	制作手镯的蜡版
镶口蜡		形状、尺寸标准，强度较高，不易碎裂	制作标准宝石镶口的蜡版
镶爪蜡		尺寸齐全，有较好的弹性，可以弯折，不易断裂	制作镶爪及直线造型等蜡版部件

3. 蜡版结构尺寸术语

当制版人员拿到订单后，首先要根据订单了解客户的要求，例如首饰尺寸、宝石的大小等。以戒指为例，必须了解以下术语的具体含义。

手寸：戒指内径，分美度、港度、日度、意度等多种，需用戒指尺量取。
戒底宽：行业惯称"戒脾宽"，指戒指最下端的宽度。
戒底厚：行业惯称"戒脾厚"，指戒指最下端的厚度。
戒台：行业惯称"企边厚"，指戒指花头边缘的垂直高度。
爪高：行业惯称"侧身高"，指花头位的侧面总高度，需用游标卡尺量取。
光身位：指戒脾到花头之间的区域，它是除去起钉镶石或其他图案后剩余部分的统称。
光身位厚：指花头两边无镶石部位的厚度，用内卡尺量取。若客户没有特殊要求，通常取 0.6～0.7mm。
起钉位厚：指起钉镶石位的厚度，需用内卡尺量取。若客户没有特殊要求，可取 1～1.2mm。
镶石边厚：指花头镶石位周边的厚度，可取 1.1～1.3mm。

上述部分术语的具体位置如图 1-1 所示。

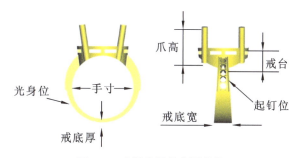

图 1-1 戒指蜡版的主要结构

宝石的大小：指宝石的尺寸。若订单另附有宝石，可根据实际尺寸开镶口位；若订单无附石，则要根据订单中宝石信息代码确定宝石的大小范围。宝石的琢型一般有圆钻型、梯方型、公主方型等。

4．热膨胀系数

物体由于温度改变会产生膨胀或收缩现象。温度升高时，分子运动的平均动能增大，分子间的距离也增大，物体的体积随之而扩大；温度降低时，分子的平均动能变小，分子间的距离缩短，于是其体积也缩小。热膨胀性能既取决于材料性质，又与温度、热容、结合能、熔点等因素有关。随着温度的增加，热膨胀系数也相应增大。掌握材料的膨胀、收缩性能，可以为首饰生产提供有效的理论指导。在制作蜡版时，需要充分考虑铸件的凝固收缩性能，在产品要求尺寸的基础上额外增加铸造过程中金属材料的收缩量。

1.1.2 任务单

手雕蜡版制作任务单如表 1-2 所示。

表1-2 项目任务单

学习项目1	原版制作		
学习任务1	手雕蜡版制作	学时	2
任务描述	采用手工雕蜡工具,根据订单款式要求看单开料,经制粗坯、制细坯、捞底和修理,制作出蜡版		
任务目标	①会根据订单产品要求选择合适的蜡材 ②会计算蜡版各部位的尺寸 ③会根据订单款式确定制作流程并完成蜡版制作		
对学生的要求	①熟悉蜡材的性能并做好相应的选择 ②能够熟练地使用工具完成蜡版的制作 ③按要求穿戴好劳动防护用品,注意安全操作 ④实训完毕后对工作场所进行清理,保持场地卫生		
明确实施计划	实施步骤	使用工具/材料	
	看单开料	生产图样、游标卡尺、钢锯	
	制粗坯	板锉、圆规、卓弓、蜡机针、蜡戒刀	
	制细坯	蜡机针、板锉、游标卡尺、索嘴针、雕刻刀套装	
	捞底	粗波针、吊机	
	修理	雕刻刀套装、各种粗细的砂纸、白电油	
实施方式	3人为一小组,针对实施计划进行讨论,制订具体实施方案		
课前思考	①蜡材的打磨工具与金工打磨工具是否一样? ②哪些环节可以控制蜡版的质量? ③蜡版是否可以用布轮抛光?		
班级		组长	
教师签字		日期	

1.1.3 任务实施

本任务以足金戒指蜡版为例,主要采用浅浮雕工艺,完成手雕蜡版的制作。

1. 看单开料

根据图样的规格尺寸,用游标卡尺度量尺寸并画线,用钢锯截取所需的蜡块,如图1-2所示。

2. 制粗坯

把锯得的蜡块放在板锉上磨平整,使蜡块磨出3个直角面,即正视面与俯视面成直角,正视面与侧视面(左或右)成直角,俯视面与侧视面成直角,如图1-3所示。3个直角面磨好后,用游标卡尺沿直角边画出过中心相互垂直的基线(包括上面和背面,简称中心垂线)及戒台的等高线,如图1-4所示。用圆规以戒台的等高线与中心垂线的交点为起点,以手寸的一半为半径,在中心垂线上取点,并以此为圆心,画出戒圈的内圆曲线(包括背面),如图1-5所示。

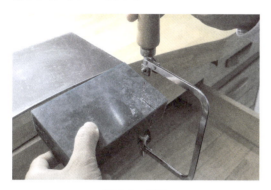

图1-2　锯蜡

图1-3　锉蜡块

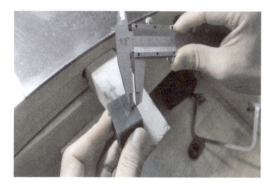

图1-4　画基线

图1-5　画圆弧线

随后在圆弧的内侧钻一小孔,穿过锯条,用卓弓沿圆弧线锯出手寸孔,如图1-6所示。

用蜡机针修整内圆边,再用蜡戒刀将内圆直径旋刮到手寸的刻度读数位置,手寸孔底面和顶面两面大小一致,如图1-7所示。

图1-6　锯手寸孔

图1-7　旋刮手寸

3. 制细坯

在完成大体外形后,进行下一步的细节修理。用蜡机针把戒指的外形车顺,用板锉将左右两侧边缘修对称,并将底边修平滑,如图1-8所示。用游标卡尺把侧面的中线画出,定好戒台和底边的宽度,用蜡机针把两个侧边车好。若男戒是双斜直边的,则放在板锉上磨成斜平对称。注意保持戒指的整体形状,并用小蜡锉修整,使四面工整对称。用索嘴针把戒台(戒指面)的图案(字、形或花纹)画好,用斜口刀或中型偃月刀依次雕刻内边框线、外边框线或刻字,如图1-9所示。用侧刀镂空框边与字边(形边)的空隙,再用平底刀平底。

图1-8 锉修外形

图1-9 雕刻图案

从稍远处整体观察戒面,用刀将字、形修正,精修执好,使蜡件层次清晰,形象活泼生动,弧面平滑,线条流畅。

4. 捞底

确定戒指整体准确无误后,用粗波针将戒圈内部的蜡掏掉,如图1-10所示。留1mm壁边,其余面厚0.5～0.8mm。注意壁厚要均匀,忌过薄而穿孔,或过厚而增重。

5. 修理

用雕刻刀刮去表面划痕,用400♯～600♯砂纸粗打磨,再用800♯～1200♯砂纸细打磨,如图1-11所示。用天那水或白电油擦拭蜡件。

图1-10 捞底

图1-11 用砂纸打磨

1.1.4 任务评价

如表 1-3 所示,学生根据自身完成任务及课堂表现情况进行自评,之后教师进行评价打分。

表 1-3 任务评价单

评价标准	分值	学生自评	教师评分
开料计算准确度	10		
蜡版完成质量	40		
分工协作情况	10		
安全操作情况	10		
场地卫生	10		
回答问题的准确性	20		

1.1.5 课后拓展

1. 手雕 K 金吊坠蜡版

(1) 根据授课教师给定的带镶口吊坠图纸所示尺寸,选取相应大小的蜡材。
(2) 按 1.1.3 的步骤完成吊坠外形雕刻。
(3) 根据订单要求,计算吊坠成品要求质量,并留取 3% 以上的余量,得到所对应的蜡版质量。
(4) 通过捞底控制蜡版质量,以满足预期要求。

2. 小组讨论

(1) 如果制细坯后发现蜡重已经低于预期质量,捞底时该如何处理?
(2) 制作镶口时应当注意哪些细节?

▶▶ 任务 1.2 光固化原版制作 ◀◀

1.2.1 背景知识

1. 快速成型技术的原理

快速成型技术又称快速原型制造技术,是现代先进制造技术的重要组成部分。快速成型设备可以通过建立模型、近似处理和切片处理等过程,直接、快速、精确地把设计构想或设计方案转变为实际的零件原型或者直接制造零件,为零件的原型制作和设计构想的校验等提供了一种高效、低成本的实现手段,弥补了传统制造方法的不足。

快速成型技术是在计算机辅助设计、计算机辅助制造、计算机数字控制、激光技术和新材料的基础上发展起来的一种新的制造技术。它基于离散和堆积原理,使零件的CAD模型按一定方式离散,成为可加工的离散面、离散线和离散点,而后采用物理或化学手段,将这些离散的面、线和点堆积,形成零件的整体形状。具体方法:将零件的三维CAD模型进行格式转换,并对其进行分层切片,得到各层截面的二维轮廓形状;按照这些轮廓形状,用激光束选择性地固化一层层的液态光敏树脂,或切割一层层的纸或金属薄片,或烧结一层层的粉末材料,以及用喷射源选择性地喷射一层层的黏结剂或热熔性材料,形成各截面的平面轮廓形状,并使之逐步叠加成三维立体零件。快速成型技术并不采用传统的"去除式"加工方法(用刀具切除工件毛坯上的多余材料,得到所需的零件形状),而采用新的"增长式"加工方法,即先用点、线或面制作一层薄片毛坯,然后将多层薄片毛坯逐步叠加成复杂形状的零件。快速成型技术的基本原理,就是将复杂的三维加工分解成简单二维加工的叠加,所以也称为"叠层制造""增材制造"或"增量制造"。

2. 模型切片

操作人员通过专用的程序对三维实体模型(一般为 STL 格式模型)分层切片。分层切片是在选定了叠层(堆积)方向后,对 CAD 模型进行一维离散,以获取每一分辨率薄层的截面轮廓及实体信息。通过一簇平行平面沿叠层方向与 CAD 模型相截,所得到的截面边沿线就是薄层的轮廓信息,而实体信息通过一些判定准则来获取。平行平面之间的距离就是分层的厚度,也是成型时堆积的单层厚度。在这一过程中,由于分层破坏了切片方向 CAD 模型表面的连续性,不可避免地丢失了模型的一些信息,因而零件尺寸及形状会产生误差,在误差范围内每一层可以确定的尺寸构成了加工的分辨率。切片层的厚度直接影响零件的表面粗糙度和整个零件的型面精度,分层切片后所获得的每一层信息就是该层片上下轮廓信息及实体信息,而轮廓信息由于是平面与 CAD 模型的 STL 文件经切片处理求交获得的,所以轮廓由求交后一系列点按顺序连成的折线段构成。由此,分层后所得到的模型轮廓是近似的,而层与层之间的轮廓信息已经丢失。层越厚,丢失的信息越多,所产生的型面误差就会越大。

3. 快速成型技术的优点

在传统的产品样件开发过程中,设计人员首先要将用户对产品的要求,在大脑中形成三维形象,然后转化为二维的工程图纸,而二维的图纸又需在稍后由加工者转化为三维的样件或模型。若需要对产品进行修改,则必须重新进行三维与二维多次转换的过程。所以传统的产品样件设计开发过程,采用的是一步接一步的方式,往往要花费很长的时间,延长了产品的开发周期。

快速成型技术融入了并行工程概念,解决了在工程设计中制约对产品进行快速直观分析论证的难题,使设计的产品在不需要任何中间工程图纸和中间环节的情况下,可直接生成三维实体模型。它具有以下明显的优点:①大大缩短了新产品研制周期,使产品能够更快地推向市场;②使新产品的研发成本大幅降低;③提高了新产品投产的一次成功率;④支持并行工程的实施;⑤支持技术创新,改进产品外观设计。

4. 快速成型的工艺方法

目前快速成型有很多工艺方法,也有不同的类别,如图 1-12 所示。所有的快速成型方法都是一层一层地制造零件,区别在于每种方法所用的材料不同,黏结方式不同。典型的快速成型技术有光固化快速成型(stereo lithography apparatus,SLA)、数字光处理快速成型(digital light processing,DLP)、熔融沉积成型(fused deposition modeling,FDM)、选择性激光烧结成型(selected laser sintering,SLS)和叠层实体制造成型(laminated object manufacturing,LOM)。

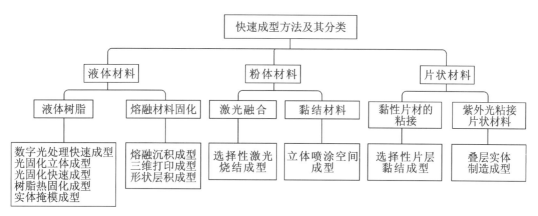

图 1-12 快速成型主要工艺方法及其分类

1)光固化快速成型(SLA)

该成型方法以光敏树脂为原料。在计算机控制下,紫外激光按零件各分层截面数据对液态光敏树脂表面进行扫描,使被扫描区域的树脂薄层产生光聚合反应而固化,形成零件的一个薄层;一层固化完毕后,工作台下降,在原先固化好的树脂表面再敷上一层新的液态树脂,以便进行下一层扫描固化。新固化的一层牢固地黏合在前一层上,如此重复直到整个零件原型制作完毕,原理如图 1-13 所示。

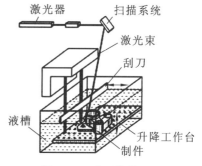

图 1-13 光固化原理图

SLA 法是将分层截面数据解析成无数像素点,计算机控制所有像素点,使其连成连续的线,并通过连续线的平行排列绘制成面。激光沿线性光路逐点完成分层截面的固化。SLA 法的主要工艺参数包括激光光斑直径、切片层厚、光斑步长、光斑驻点时长、光线行进方向。打印的模型表面质量除受到硬件的分辨率限制外,还受到计算机光路设计的影响。此种成型方法的特点是设备价格相对昂贵,打印时间较长,且激光管寿命有限。它可用于制作形状复杂(如空心零件)、较精细(如首饰、工艺品)的零件。

2)数字光处理快速成型(DLP)

数字光处理快速成型技术的原理是利用 DLP 投影机,将模型的分层图形以面投影的方式,投影在树脂槽中的打印平台下表面,整个面同步完成固化,待一层树脂固化后,打印平台提升一个层高,再进行一层树脂固化,如此逐层固化树脂直至整个模型打印完成。

DLP 法的特点是以投影的方法实现整个分层面同时固化,有效提升了 3D 打印速度。在打印过程中,模型处于倒置悬挂状态,逐层提升完成层层叠加,可以用少量的材料完成打印。图 1-14 为一台典型的 DLP 3D 打印机。DLP 法的主要工艺参数有单层曝光时间、成型方向和切片层厚。切片层厚越小,打印精度越高,但相应的打印时间也会延长。每层打印时的曝光时间会影响实际打印的层厚,而且不同种类的树脂所需的曝光时间也不相同,因此单层曝光时间是 DLP 工艺的重要参数。DLP 法打印过程与其他 3D 打印相似,是逐层堆积的过程,在分层和层叠过程中,图形都会采用以近似形状处理的方式,因此模型在打印过程中的成型方式也会影响打印精度。

图 1-14 DLP 3D 打印机

DLP 法的突出特点在于光源作用方式发生了改变,由原来的点扫描转化为面扫描,打印面一次成型,大大节省了光斑逐点扫描的时间,打印过程更加快速高效。具体而言,

DLP法有以下几点优势。

（1）打印幅面广。DLP技术采用面光源设计，可以使打印模型的幅面有效扩张，可打印尺寸范围更广泛。

（2）打印精度高，畸变率小。DLP法没有移动光束，打印振动偏差小。此外，DLP光学系统可搭配自动标定技术，能够高效且高精度地完成尺寸校正，获得较高的表面分辨率，让后续的处理工作更加轻松。

（3）打印速度快。与SLA 3D打印技术由点到线再到面的过渡相比，DLP 3D打印技术的一次成型让打印过程更加快速高效，使其能够更好地满足量化、精细化生产的市场需求。DLP设备没有活动喷头，完全没有材料阻塞问题，也不需要加热部件，提高了电气安全性。

5．光固化成型常用工具和用品

（1）清洁网：用于清洁柔性覆膜层内面。

（2）棉签：用于清洁树脂盒ID芯片。

（3）通用清洁剂（玻璃清洁剂）或肥皂水：用于清洁打印机的机罩、外壳和显示屏。

（4）浓度为90%及以上的异丙醇：用于清洁打印机的光学元件、构建平台和树脂盒ID芯片，也可以用于清理工作面和工具。

（5）用于滚珠轴承的锂润滑脂：用于润滑X轴和Z轴螺杆。

（6）低纤维纸巾：用于清理工作面和工具，保护敏感元件，也可用于擦拭残留的润滑脂、树脂或溶剂。

（7）防磨损超细纤维布：用于清洁打印机的机罩、外壳和显示屏。

（8）氯化聚乙烯百洁布：用于清洁打印机的光学元件和树脂盒ID芯片。

（9）橡胶球风泵：用于清除光学玻璃窗口上的灰尘。

（10）树脂槽清理工具：用于检查和清洁柔性覆膜层内面。

6．打印机检查和维护

1）每次打印检查

每次打印时需要检查操作环境，清理构建平台，检查紧固阀。

2）每月点检

每月应该维护树脂盒ID芯片，观察树脂槽外部是否干净，以及树脂槽框是否受损。

3）定期维护

设置固定期限，定期检查机罩完整情况，检查显示屏、集漏器功能是否正常，外壳是否受损，X轴和Z轴的升降收缩运行是否稳定。

1.2.2 任务单

采用SLA 3D打印机制作树脂原版，任务单如表1-4所示。

表1-4 项目任务单

学习项目1	原版制作		
学习任务2	光固化原版制作	学时	1.5
任务描述	将STL格式的首饰图导入SLA 3D打印设备,添加支撑,导入打印平台,启动打印,制作原版		
任务目标	①会根据订单产品结构确定支撑数据 ②会根据订单款式确定打印流程 ③会根据树脂特点设定合理的参数		
对学生的要求	①熟悉SLA 3D打印的基本原理及技术特征 ②熟悉SLA 3D打印原版的基本流程 ③按要求完成原版的打印成型,注意安全操作 ④实训完毕后对工作台面进行清理,保持场地卫生		
明确实施计划	实施步骤	使用工具/材料	
	获得模型文件	电脑、3D模型设计软件	
	模型切片	SLA 3D打印机控制软件	
	打印准备	样品台、3D打印机、光敏树脂	
	模型打印	SLA 3D打印机	
	后处理	超声波清洗机、清洗剂、一次性手套、手术刀、镊子、棉签等	
实施方式	3人为一小组,针对实施计划进行讨论,制订具体实施方案		
课前思考	①打印完成的树脂原版该如何处理? ②SLA 3D打印原版有何优势? ③打印完成的树脂原版是否可以直接制作复模用的模型?		
班级		组长	
教师签字		日期	

1.2.3 任务实施

本次任务为利用SLA 3D打印机制作首饰原版。

1. 获得模型文件

完成模型的设计,并导出模型的STL文件。

2. 模型切片

将模型的STL文件导入后,通过控制切片软件完成切片操作。具体步骤如下。

1) 在PreForm中打开模型

打开PreForm,界面如图1-15所示。在菜单栏中单击"文件"—"打开",显示"打开文件"窗口。选择要打印的文件。

图 1-15　PreForm 软件界面

2）在 PreForm 中准备模型

通过左侧功能按钮变换视图，观看模型结构，如图 1-16 所示。随后选择打印层厚。

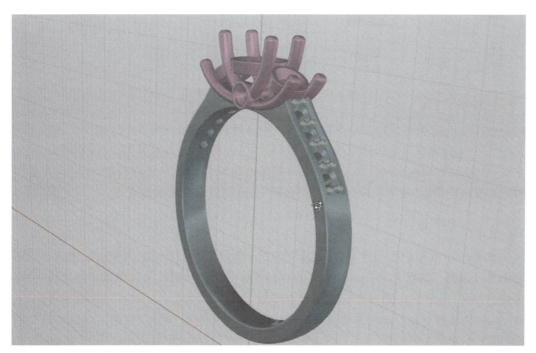

图 1-16　原版模型视图结构

(1) 单击右侧上端"＜"按钮。"任务信息"对话框随即打开。

(2) 单击打印机名称。"任务设置"窗口随即打开。

(3) 向下滚动至"选择材料"部分。将光标悬停在所需材料上,查看该材料类型的可用版本。单击选择材料和版本,如图1-17所示。

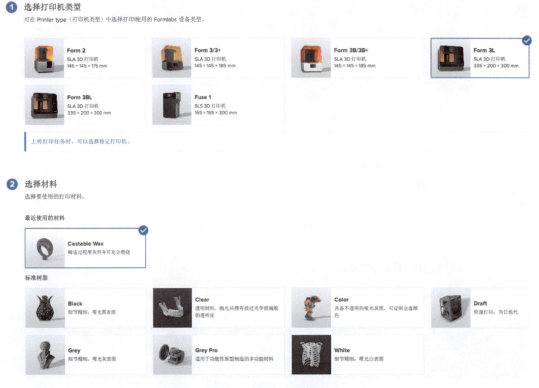

图1-17 打印材料和版本选择界面

(4) 向下滚动至"选择打印层厚"部分。单击选择打印层厚。

(5) 单击"应用",应用选定的材料和打印层厚设置。"任务设置"窗口随即关闭。

(6) 选择定向和支撑模型。完成支撑数据。在PreForm中选择模型。单击"支撑",对话框弹出。单击"自动生成全部",为构建平台上的所有模型添加支撑。

3. 打印准备

在PreForm中设置完模型后,选择打印机来运行打印任务:在PreForm中选择或手动添加打印机。匹配PreForm中的耗材(树脂槽、树脂盒),使其与打印机中的耗材一致。完成后,将打印任务从PreForm发送至打印机。

(1) 当你准备将打印任务发送到打印机时,单击橙色的"打印"按钮。"打印"窗口随即打开,如图1-18所示。

(2) 单击"选择设备"箭头。"设备列表"窗口随即打开,如图1-19所示。

图 1-18 "打印"窗口

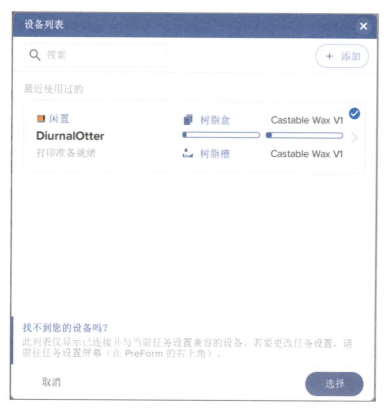

图 1-19 "设备列表"窗口

(3)单击打印机序列名称旁的"选择设备"复选标记。
(4)单击"选择"。"打印"窗口再次打开。输入或更新任务名称。
(5)单击"上传任务"。

4. 模型打印

完成打印准备工作后就可以进入打印环节。

将打印任务上传到打印机后,直接启动打印任务,或者稍后从"队列"(点选所用机型)访问打印任务。

(1)在主屏幕或"队列"中点击打印任务。
(2)点击"打印"进行确认。此时出现一个新的界面。
(3)按照触摸屏上的提示来检查耗材是否正确插入,然后按"确认"。当打印室温度达到 35℃(95℉)左右时,打印便开始了。

5. 后处理

完成打印后需要取出模型坯件,并对其进行后处理。

1)取出坯件

(1)打印完成后,打开打印机机罩,抬起平台锁扣。
(2)双手握住手柄,从打印机上取下构建平台。
(3)关闭打印机机罩。获得打印完成的模型坯件,如图1-20所示。

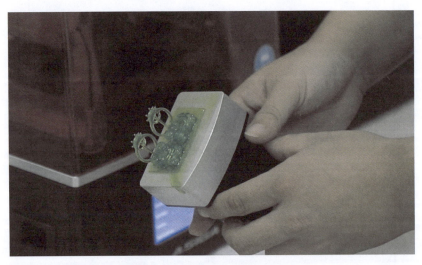

图1-20 打印完成的模型坯件

2)清洗、风干并固化坯件

(1)将坯件放置在指定清洗剂中浸泡半分钟后,用棉签轻轻擦拭,洗掉表面的树脂,如图1-21所示。

图 1-21 清洗模型坯件

注意:清洗剂是易燃化学物。操作中应远离火源,包括明火、火花与集中热源。

(2) 除去坯件上的溶剂。

如果溶剂很容易挥发(如异丙醇),需在清洗后至少留出 30min 让溶剂完全挥发。

如果溶剂不容易挥发(如三丙二醇单甲醚),可用水清洗坯件以除去多余的溶剂。

(3) 使坯件风干。进行后固化处理前,应确保所有坯件充分干燥,没有多余的溶剂、树脂和其他液体。

(4) 使用固化设备对坯件进行后固化处理,以充分实现其机械性能,如图 1-22 所示。

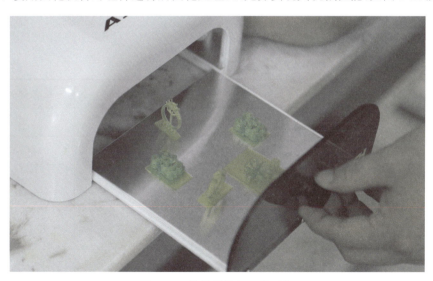

图 1-22 将模型放入固化设备

（5）通过去除支撑、打磨瑕疵和添加涂料对坯件进行后处理，得到完整的模型，如图1-23 所示。

图 1-23　模型成品

3）关闭打印机

打印完成一段时间后设备会自动进入休眠状态。若需要关机，可按下打印机后部电源线旁边的电源开关，打印机即关闭。

1.2.4　任务评价

如表 1-5 所示，学生根据自身完成任务及课堂表现情况进行自评，之后教师进行评价打分。

表 1-5　任务评价单

评价标准	分值	学生自评	教师评分
图形切片与检查	10		
打印作品完成质量	40		
分工协作情况	10		
安全操作情况	10		
场地卫生	10		
回答问题的准确性	20		

1.2.5 课后拓展

1. 批量首饰打印

(1) 根据给定打印机的特点,通过软件在打印平台上合理设置首饰间的排版间距。
(2) 按照 1.2.3 中的步骤完成多件首饰模型的打印。
(3) 根据原图设计要求,对比打印作品的匹配程度。

2. 小组讨论

(1) 打印后的剩余树脂该如何存放?
(2) 原版打印件的质量受哪些因素的影响?
(3) 不同的排版方式对打印过程有怎样的影响?

▶▶任务 1.3 熔融沉积成型原版制作 ◀◀

1.3.1 背景知识

1. 熔融沉积成型技术(FDM)

熔融沉积成型技术,也称 FDM 法,是采用熔化堆砌的成型技术,将热熔性材料(形状常为丝状,材质可以是蜡、热塑性塑料、尼龙等)加热熔化,同时通过准确地控制成型的工作环境温度,根据截面轮廓信息,将从喷嘴中挤压出来的半熔融状态的成型材料选择性地涂敷在工作台上,材料在离开喷嘴的瞬间开始凝固,快速冷却后形成一层截面,即使喷嘴离开成型位置,成型位置处留下的也是已经凝固的成型材料。一层成型后,机器工作台下降一个高度(即分层厚度)再成型下一层,直至形成整个实体造型。其成型原理如图 1-24 所示。

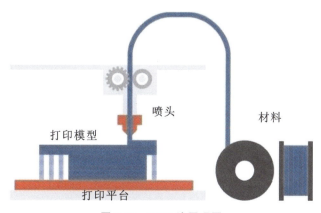

图 1-24 FDM 法原理图

利用 FDM 法制作的模型，从材料的性能及外观看，都非常接近实际，所以 FDM 法在制造概念模型和验证产品功能方面有独特的优势，其运用范围越来越广泛。

2. FDM 3D 打印机类型

FDM 打印过程，就是使打印点的定位及路径与挤出点的定位及路径重合，将数字空间转化成实物，得到实物样品。根据打印机 X、Y、Z 三轴点坐标的数学原理划分，FDM 3D 打印机的架构可分为笛卡尔坐标系架构、极坐标系架构、球坐标系架构等。由于极坐标系、球坐标系原理在主板固件及切片软件的应用过程中数学运算过于复杂，因而基于此类数学原理的 3D 打印机在市场上流通范围较小。目前市场主流的 FDM 3D 打印机仍然采用笛卡尔坐标系架构。

对应上述 3 种架构，有如下 3 种典型的 3D 打印机。

1）直角坐标系型 3D 打印机

直角坐标系型是笛卡尔坐标系架构的一种典型代表，这是一种方形的设计，其中基座在 Z 轴上移动，而挤出机在 X 轴和 Y 轴上移动，三轴传动互相独立。典型直角坐标系型 3D 打印机如图 1-25 所示。开源的 RepRap 系列、Ultimaker、Printrbot，还有曾经开源的 Makebot 系列机器，采用的都是直角坐标系型结构。各大厂商基本都生产具有此种结构的代表机型，该种结构的成型设备打印质量适中，稳定性较高，并且由于存在外壳框架，可以保证成型工作间的温度、湿度等成型条件。优点：设计简单，维护容易，打印细节精确。局限性：打印速度较慢，这是采用笛卡尔坐标系架构的 3D 打印机最大的限制。

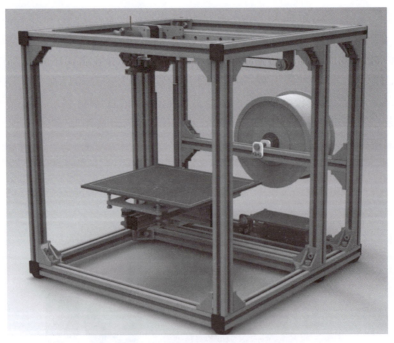

图 1-25　典型直角坐标系型 3D 打印机

2)Core XY 结构型 3D 打印机

Core XY 结构型是极坐标系架构的典型代表,采用 X、Y 双轴交互复合运动,除了 Z 轴采用单电机传动外,X、Y 轴都是采用两个电机系统通过同步带交替配合实现位移。采用 Core XY 结构的 3D 打印机,两个传送皮带看上去是相交的,实际是在两个平面上,一个在另外一个上面,如图 1-26 所示。此种打印机在运行过程中打印速度较快,稳定性较高,但是由于组装方式过于复杂,以及对传动要求较高,对使用者提出了较高的要求,因而设备推广度不佳。

3)三角型 3D 打印机

三角型也称德尔塔型、Deltal 型,是球坐标系架构的典型代表,具有圆形底座,挤出机悬挂在顶部。喷嘴由形成三角形的 3 个金属臂支撑,如图 1-27 所示。三角型 3D 打印机的独特之处在于它的底座永远不会动,在创建某些类型的对象时,它具有一定的优势。优点:打印速度比大多数其他类型 3D 打印机更快,设计新颖,固定底座。局限性:由于通过 6 根联动杆控制喷头系统,3 个轴向的传动部件过于集中,导致设备在运行过程中稳定性不强,X、Y、Z 3 个轴向的定位精度相对较低。

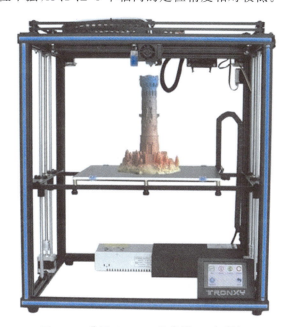

图 1-26　典型 Core XY 结构型 3D 打印机

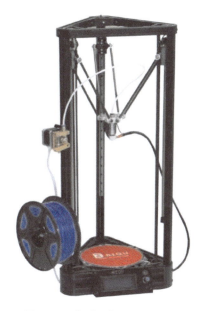

图 1-27　典型三角型 3D 打印机

3. 首饰 FDM 3D 打印机

长期以来,使用失蜡铸造法和模具制作传统珠宝首饰一直是一个耗时的手工制作过程。使用光敏树脂材料制作原版后,生产用时大幅缩短,但若将获得的树脂原版直接用于倒模铸造,则首饰质量不够稳定。受材质本身强度和韧性等多方面力学性能的限制,树脂原版仅能适应翻制室温硫化硅橡胶模,不适合翻制高温硫化硅橡胶模。由于室温硫化硅橡胶模的耐久性不及高温硫化硅橡胶模,因而在进行大批量生产时,需要翻制出金属版并压制高温硫化硅橡胶模,或频繁翻制新的室温硫化硅橡胶模。如此,生产中的使用场景显得较为烦琐。而 FDM 3D 打印机可以用蜡材作为熔覆材料,打印成品可以直接用于铸造。典型的设备有 ProJet MJP 2500W Plus 蜡模 3D 打印机,如图 1-28 所示。该打印机采用单喷头、多喷嘴模式,使用紫蜡作为模型产品主体材料,使用水溶性蜡材作为支撑材料,根据模型设计图自动识别所属部件,并可选择性地精准喷覆不同的材质。因为产品主体结构所用蜡材为紫色,所以上述 3D 打印机又称紫蜡机。完成模型打印后,将模型浸泡在清洗液中,支撑结构会溶解而自动去除。

图 1-28　ProJet MJP 2500W Plus 蜡模 3D 打印机

首饰 FDM 3D 打印机具有如下特点。

(1) 单喷头、多喷嘴设计,产品主体材料 100% 使用蜡质,可直接用于铸造成型。

(2) 使用蜡质熔覆,可以实现模型边缘利落、特征清晰和表面平滑,能够较真实地复原设计模型。但是因为模型成型采用熔融材料凝固的方式,而熔融材料具有流动性,所以凝固后的模型与实物存在尺寸偏差,从而影响打印精度。

(3) 在熔融沉积成型过程中,除了产品主体需要使用紫蜡外,支撑材料为低成本的水溶性蜡,整个打印过程几乎不产生废料,原材料的利用率非常高。

4. FDM 技术和 DLP 技术的对比

在打印精度上,DLP 技术有着 FDM 技术无法比拟的优势,通常可以制作复杂精密的零件和精巧的模型;但是在耗材成本上,FDM 技术比 DLP 技术便宜不少。在技术层面,两种技术也各有优势,不能相互替代。主要技术参数对比如表 1-6 所示。

表1-6 FDM 和 DLP 主要技术参数对比

技术指标	FDM	DLP
成型原理	熔覆逐层成型	光固化逐层成型
典型设备	ProJet MJP 2500W Plus	Envision One
产品主体材料	紫蜡	光敏树脂
支撑材料	水溶性蜡	光敏树脂
建模尺寸(典型机型)/mm	295×211×144	90×96×104
工作温度范围/℃	18～28	18～28
支持文件类型	STL、CTL、OBJ、PLY、XRP、ABD、3DS 等	STL 或 OBJ

1.3.2 任务单

熔融沉积成型原版制作的任务单如表1-7所示。

表1-7 项目任务单

学习项目1	原版制作		
学习任务3	熔融沉积成型原版制作	学时	1.5
任务描述	将 STL 格式的首饰图导入 FDM 3D 打印机,添加支撑,导入打印平台,启动打印,制作原版		
任务目标	①会根据订单产品结构确定支撑数据 ②会根据订单款式确定打印流程 ③会根据蜡材特点设定合理的参数		
对学生的要求	①熟悉熔融沉积成型原理及技术特征 ②能够熟练说出 FDM 技术的优缺点 ③按要求完成原版的打印成型,注意安全操作 ④实训完毕后对工作场所进行清理,保持场地卫生		
明确实施计划	实施步骤	使用工具/材料	
	获得模型文件	电脑、FDM 3D 模型设计软件	
	打印准备	样品台、FDM 3D 打印机、紫蜡、水溶性蜡	
	打印模型	FDM 3D 打印机	
	后处理	带加热超声波清洗机、水	

表1-7（续）

实施方式	3人为一小组，针对实施计划进行讨论，制订具体实施方案		
课前思考	①打印完成的原版表面是否光洁？ ②FDM技术影响模型精度的因素有哪些？ ③FDM技术的优势有哪些？		
班级		组长	
教师签字		日期	

1.3.3 任务实施

本任务采用FDM法打印戒指原版模型。

1. 获得模型文件

完成模型的设计，如图1-29所示，并导出模型的STL文件。

2. 打印准备

执行喷射检查程序以确认是否所有喷头均正常工作。发送打印作业时，确认已经安装清洁的打印平台、保持水平的废料袋。

1）检查平台

从打印机控制界面中选择"访问平台"，升起平台，如图1-30所示。检查平台以确保平台清洁且没有缺陷，将平台安装回打印机，关闭顶盖。

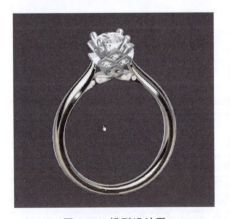

图1-29　模型设计图

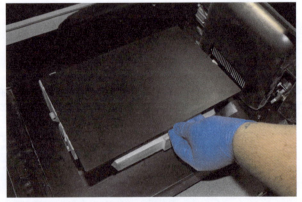

图1-30　检查打印平台

2）检查废料袋

选择材料，检查废料袋中的材料百分比，确保废料袋的空间足以收集打印过程中产生的废料。

3）检查/添加打印盒中的材料

通过选择材料选项卡检查材料,确保能够满足打印用量。

3. 打印模型

完成准备后,就可以进入打印环节,具体操作步骤如下。

1）导入模型文件

双击3D Sprint软件,打开软件,如图1-31所示。导入模型文件。

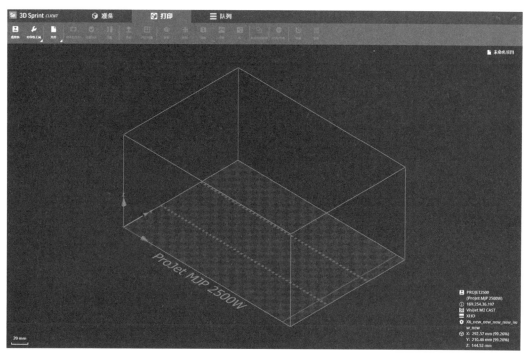

图1-31 3D Sprint软件界面

2）选择打印机

单击左侧顶部的"成型机"按钮,显示出可用打印机列表,选择用于打印的打印机,如图1-32所示,选中ProJet MJP 2500W。

3）选择打印材料

选择打印部件所需要的材料,双击材料。自动填充可用打印模式,选择"HD模式"。

4）发送打印文件

在打印选择卡中,导入模型STL文件,如图1-33所示,并打开,选择"自动放置",并点击设置,将文件自动排列到平台上。再选择添加到打印任务队列,如图1-34所示,随后可以在打印机队列中显示该文件。

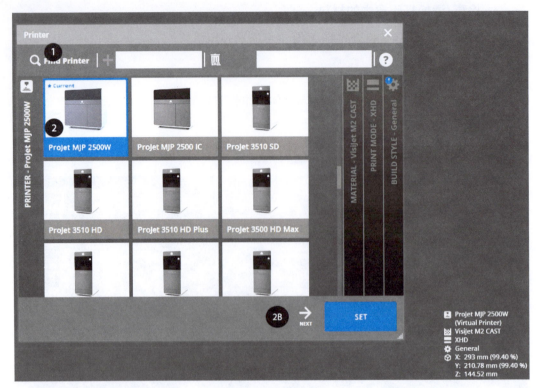

图 1-32 打印机列表

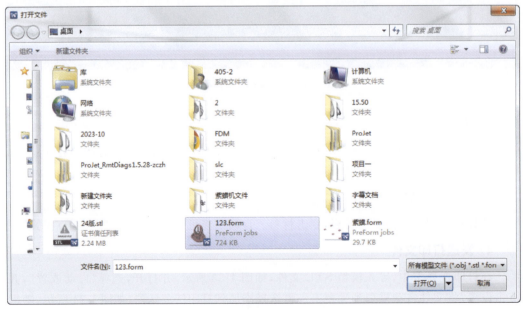

图 1-33 将模型文件导入界面

图 1-34　打印任务队列

5）启动打印任务

在打印机控制界面选中等待打印的任务，点击"开始打印"，如图 1-35 所示，设备自动开始打印任务直到打印完成。

图 1-35　启动打印任务

6）打印完成

打印完成后取出带有支撑的戒指坯件（图 1-36），并在打印机控制界面关闭打印机。

图 1-36 打印完成的戒指坯件

4. 后处理

1）取下坯件

完成打印后,对样品平台进行加热,温度控制在 38℃ 以下,随着温度升高,样品支撑开始缓慢熔化,打印完成的坯件可以轻松取下。

2）清洗支撑材料

将取下的坯件放入加热的清洗液中(图 1-37),并通过磁力转子搅拌。支撑材料溶入清洗液中,剩下模型本身(图 1-38)。

图 1-37 清洗支撑材料

图 1-38 支撑材料溶解

3）吹干模型

去除支撑材料后,还需要用清水清洗模型。清洗干净后,使用冷风吹干模型,获得模型成品(图 1-39)。

1.3.4 任务评价

如表 1-8 所示,学生根据自身完成任务及课堂表现情况进行自评,之后教师进行评价打分。

图 1-39 模型成品

表 1-8　任务评价单

评价标准	分值	学生自评	教师评分
图形切片与检查	10		
打印作品完成质量	40		
分工协作情况	10		
安全操作情况	10		
场地卫生	10		
回答问题的准确性	20		

1.3.5　课后拓展

1. 打印摆件原版

(1) 根据授课教师现场给定的吊坠图纸,将文件导入 3D 打印机。
(2) 按 1.3.3 的操作步骤完成摆件打印。

2. 小组讨论

(1) 通过什么方法来控制 3D 打印版的质量?
(2) 3D 打印是否适合所有首饰款式?

任务 1.4　常规女戒的单水线设置

1.4.1　背景知识

1. 水线

浇道,在首饰行业也常称为水线。水线应使金属液容易流入型腔中,而且水线中容纳的金属液应足以弥补铸件凝固产生的体积收缩。水线的主要参数包括位置、数量、横截面形状、尺寸及它与工件的连接方式等。

1) 水线的位置

金属液从注入石膏模到冷却凝固所需要的时间非常短,必须快速注满铸件。在满足充型和补缩的前提下,水线应尽可能放在对表面光洁度影响小的位置。

2) 水线的数量

水线数量分多种,有单支、双支、多支等。水线的数量既取决于工件的大小,也与工件的结构有直接关系。对于体积小且壁厚变化有一定顺序的工件,一般采用单支水线;工件体积中等或较大(如戒指中型件和手镯大件等),且结构中有分散的壁厚点时,往往采用双支甚至多支水线,以保证充型完整和良好的补缩效果。若有分支水线,则要注意主干水线的横截面积必须足够,以给分支水线补充足量的金属液,且金属液流动速度较快,能够迅速充满型腔。

3) 水线横截面的形状

浇注过程中金属液通过水线进入型腔,因金属液体积相同,水线长度相同,水线横截面设计为圆形的比设计为方形的表面积更小,散热更少,因而可以降低冷却速度,延长水线的凝固时间;另外,横截面为圆形的水线有利于金属液顺畅流动,减少紊流发生。因此,建议采用横截面呈圆形的水线。

4) 水线的尺寸

设置水线尺寸时,需保证型腔能被金属液完全充填。因此,水线的直径不应小于工件厚度,水线的长度应适中,以保证水线比铸件晚凝固,避免产生缩孔。

5) 水线与工件的连接方式

水线应与工件以圆角连接,使金属液充型平稳,减少对型壁的冲刷,要避免水线在连接处缩颈,以免产生阻塞,强烈影响金属液的充型过程。

2. 水线的作用

水线有如下作用:将铸件固定在蜡(或金)树上,防止蜡模在灌石膏时发生移位;提供通道,让金属液注满铸件;在高温焙烧或蒸汽脱蜡时,为熔化的蜡液提供流出通道;在铸造过程中为金属凝固提供最后的补缩金属液。

水线的设计对首饰铸件质量具有决定性的作用。若金属液在水线内流动不顺畅,则会令金属液出现紊流,降低金属液温度,并将杂质和空气困在石膏模中,导致浇不足、冷隔、缩孔、夹杂等缺陷,严重影响铸件质量。事实上,水线设计不当导致的铸造缺陷较为常见。

3. 水线的设计

由于首饰的类型和款式存在差异,因而其水线设计各有不同。

1) 戒指水线的设计

设计戒指的主水线时,一般是直接加一根尽可能粗的水线,水线横截面的直径应与戒脚宽度一致,如图1-40所示。根据戒指款式的不同,有时也增设辅助水线,确保金属液能够快速充满型腔。水线的补缩作用除与自身尺寸有关外,还取决于戒脚尺寸。例如,在横截面为1mm×2mm的平戒戒脚上设置一条直径3mm的圆形水线,并不能减少戒指顶部厚实部位的缩孔。此时,当水线的任何一侧凝固时,薄的戒指光身位本身会变成水线。

图 1-40　单水线设置的戒指

2）吊坠、耳环水线的设计

为吊坠、耳环设计主水线时，一般将其加在中间较厚的位置。吊坠、耳环的穿线位置往往比较薄，如果把水线设置在此处，则当金属液进入铸件后，穿线位薄的地方会比中间厚的部分先凝固，中间部分凝固时就得不到及时的补缩，很容易造成缩松现象。设计完主水线后，我们就应该根据每款吊坠或耳环的具体特性来设计辅助水线。有经验的铸造师傅会在层次复杂、连接位相对较多的地方设计水线，并且尽量设计多根水线以使金属液能迅速充满型腔，如图1-41所示，以减少残缺、缺陷的产生。

3）项链、配件水线的设计

一般项链主结构和配件的水线处理方式相似。因配件的尺寸往往较小，所以水线与其连接时需要结合配件尺寸采用不同类型的连接方式。金属液在注入石膏模时会有一定的压强，喷射的金属液很容易冲坏型腔，造成铸件变形。垂直型和喇叭型的水线能使金属液平稳地流入型腔，减少对型腔的冲击，提高铸件质量。尖角型水线在铸造时会令金属液以喷射状态流入型腔，造成紊流。但是在一些结构相对复杂的项链或配件中，有时为了获得较快的金属液充型速度，会选用尖角型水线。图1-42为配件的尖角型水线设计。

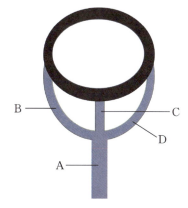

图 1-41　耳环原版多支水线设计示意图
（A 为原版主水线，B、C、D 为 3 条辅助水线）

图 1-42　尖角型水线设计

4）手镯水线的设计

一般来说，光金面较大、较多，偶有留用镶石位的手镯都采用"三叉"式水线，其原理与戒指的"Y"形水线设计一样，只是由于手镯比戒指大得多，所以用"三叉"式比较合理。另一种方法是在手镯的两个侧面进行水线设计，一侧加3根水线，另一侧加2根，5根水线平均分配到整个手镯上，使金属液能迅速、均匀地充满手镯，这种水线设计方法主要适用于镶石位多、光金面少、线条较多的蜡镶手镯。

1.4.2 任务单

常规女戒的单水线设置任务单如表1-9所示。

表1-9 项目任务单

学习项目1	原版制作		
学习任务4	常规女戒的单水线设置	学时	1
任务描述	观察常规女戒的结构特点，结合对应材质金属液流动性的要求，确定水线的设置位置，选择合适的水线类型，修整水线端头形状，将水线焊接在女戒上，修整焊接接头		
任务目标	①会解读女戒的结构特点 ②会根据女戒的实际尺寸估算所需水线的直径 ③会使用组合焊具并对女戒焊接水线 ④会修整水线焊接位		
对学生的要求	①熟悉戒指结构及部位名称 ②熟悉水线设置的原则并选择合适的水线设置方案 ③熟悉不同款式水线的设置要点		
明确实施计划	实施步骤	使用工具/材料	
	准备工作	女戒原版、游标卡尺、砂纸工具、水线、剪钳	
	锉修水线端头	卜锉、水线	
	焊接水线	女戒原版、组合焊具、焊夹、焊料	
	煮矾水	矾水煲、明矾	
	执修	滑锉、各类砂纸工具	
实施方式	3人为一小组，针对实施计划进行讨论，制订具体实施方案		
课前思考	①女戒的关键尺寸有哪些？ ②单戒结构中对金属液充型有怎样的要求？ ③水线尺寸与女戒结构尺寸如何对应？		
班级		组长	
教师签字		日期	

1.4.3 任务实施

本案例选用常规女戒,对其进行水线设置,完成水线制作。

1. 准备工作

提前做好准备工作能够保障顺利地完成女戒水线设置。检查女戒原版表面质量,确保原版表面光洁无缺陷。观察戒指结构,并获得结构特征信息,确定水线的设置位置。戒指为对称结构,一般将水线设置在戒脾位置。用游标卡尺测量戒脾厚度与宽度,选择粗细合适的水线,用剪钳剪取 20~30mm 备用。

2. 锉修水线端头

为了获得好的连接效果,需要对水线端头进行修整。使用卜锉锉修水线端头,使其形状与戒脾表面弧度相匹配,二者能够紧密贴合,如图 1-43 所示。

图 1-43 锉修水线端头

3. 焊接水线

端头修整完毕后,应完成水线与戒身的连接。右手持焊夹,夹起水线,使用组合焊具加热水线,再使用焊粉助熔,将焊料熔于水线端面备用。加热女戒原版,待其温度接近焊料熔点时,将水线附着焊料的端面靠近预先确定的对接位,继续加热,将水线与戒指焊接好,如图 1-44 所示。焊接过程中要控制火焰大小,焊料熔化后,移开火焰,在焊料凝固的过程中水线与戒指应避免出现相对位移。

4. 煮矾水

在女戒原版上焊接水线后,戒指表面会形成黑色氧化铜及其他杂质,经过煮矾水,可将其基本除去,起到清洁原版表面杂质的作用。具体方法:将原版放入装有白矾水的煲

图 1-44　焊接水线

内,并将煲放在焊瓦上;使用组合焊具对白矾煲进行加热,至矾水沸腾,随后时而翻动原版,让矾水充分接触表面的黑色物质,以获得较清洁的表面,如图 1-45 所示;然后将原版从矾水煲中取出,并立即用清水漂洗。若未经漂洗,则随着矾水水分的挥发,原版表面会凝结出一层白色的结晶层。

图 1-45　煮矾水

5. 执修

女戒原版在设置水线前本是光洁的表面,但是经过焊接操作,表面可能会被划花,焊接处会留下焊接的痕迹,需要进行修整。对于焊料堆积、表面粗糙之处,应使用滑锉锉顺。随后使用砂纸,做成砂纸棍、砂纸尖、砂纸飞碟、砂纸推木等工具。根据原版的不同位置,选择合适的工具,将原版各部位打磨至光滑,如图 1-46 所示。注意,在执修时不能破坏原版的花纹、线条、整体角度以及原版质量。若某个部位出现砂窿,则应将砂窿填补好后再执修。

图 1-46　执修

1.4.4　任务评价

如表 1-10 所示,学生根据自身完成任务及课堂表现情况进行自评,之后教师进行评价打分。

表 1-10　任务评价单

评价标准	分值	学生自评	教师评分
正确使用度量工具	10		
全面记录戒指的关键尺寸	20		
水线设置位置的合理性	30		
水线焊接质量	10		
分工协作情况	10		
安全操作情况与环境卫生	10		
回答问题的准确性	10		

1.4.5　课后拓展

1. 完成给定戒指的水线设置

(1) 根据授课教师现场给定的戒指尺寸,选定合适的水线尺寸。

(2) 按 1.4.3 操作步骤完成戒指水线的制作。
(3) 评价水线质量。

2. 小组讨论

(1) 水线与戒身连接的接头采用何种形状时更有利于金属液流动?
(2) 水线设置位置对后续执模有哪些影响?

▶▶任务 1.5　常规男戒的双水线设置◀◀

1.5.1　背景知识

常规男款戒指与女款戒指在以下几个方面存在明显的差异。

(1) 戒牌宽度。女戒的戒牌往往设计得较为细、窄,以烘托女性手指的曼妙与精致,起到更好的装饰效果。男戒的戒牌则往往设置得更宽,与男性粗犷的气质相匹配。

(2) 指圈大小。戒圈的度量方式有港度、美度、日度、欧度、意度等,根据尺寸的大小分成不同的圈号。因为生理上的差异,女性的手指普遍比男性的手指细,所以男戒的指圈一般比女戒指圈大。根据市场消费数据,女戒指圈大小一般为港度 11 号~14 号,男戒指圈大小一般为港度 17 号~20 号。根据手指的实际情况,可能出现女戒大码和男戒小码重合的现象。

(3) 款式特点。简单男款戒指可以是素戒或单一镶钻款。其中素戒是纯金属材质,不镶嵌任何宝石,以光面或者多面戒面为主,体现简约大方的风格。戒面上搭配一些多纹路缠绕、全戒身纹路、局部戒身纹路等花纹设计。女款戒指则往往有更多花哨的设计,显得更加婉约俏丽。

与女款戒指相比,男款戒指的结构虽简约,但其尺寸更大,因而生产过程中所需要的金属更多,在设置水线时为了保障金属液充满型腔并充分补缩,往往采用双水线设计。

1.5.2　任务单

常规男戒的双水线设置任务单如表 1-11 所示。

表 1-11　项目任务单

学习项目 1	原版制作		
学习任务 5	常规男戒的双水线设置	学时	1
任务描述	观察常规男戒的结构特点,结合对应材质金属液的流动性特点,确定水线的设置位置,选择合适的水线类型,修整水线端头形状,将水线焊接在男戒上,并修整焊接接头部位		

表1-11（续）

任务目标	①会解读并辨认男戒的结构特点 ②会根据男戒的实际尺寸估算所需水线的直径 ③会使用组合焊具对男戒焊接水线 ④会修整水线焊接位	
对学生的要求	①熟悉戒指结构及部位名称 ②熟悉水线设置的原则并选择合适的水线设置方案 ③理解男戒与女戒水线设置上存在的差异	
明确实施计划	实施步骤	使用工具/材料
	准备工作	男戒原版、游标卡尺、砂纸工具、水线、剪钳
	制作"Y"形水线	钳子、组合焊具、焊夹、焊料
	锉修水线端头	卜锉、各类砂纸工具
	焊接水线	男戒原版、组合焊具、焊夹、焊料
	煮矾水	矾水煲、明矾
	执修	滑锉、各类砂纸工具
实施方式	3人为一小组，针对实施计划进行讨论，制订具体实施方案	
课前思考	①男戒的关键尺寸有哪些？ ②男戒结构中对金属液充型有怎样的要求？ ③水线尺寸与男戒结构尺寸如何对应？	
班级		组长
教师签字		日期

1.5.3 任务实施

本案例选用常规男戒，对其进行双水线设置，完成水线制作。其制作过程与常规女戒的单水线设置步骤相同，但是细节上有所区别。

1. 准备工作

提前做好准备工作能够保障顺利地完成男戒水线的设置。检查男戒原版表面质量，确保原版表面光洁无缺陷。观察戒指结构，获得结构特征信息，确定水线的设置位置。戒指为对称结构，一般将水线设置在戒脾两侧的位置，采用"Y"形连接方式。用游标卡尺测量戒脾厚度与宽度，选择粗细合适的水线，用剪钳分别剪取一段20～30mm和一段60～70mm的水线备用。

2. 制作"Y"形水线

为了方便后续的操作,先制作好"Y"形水线。根据男戒的外形,使用钳子将一长一短两段水线钳成合适的形状,估算对应的尺寸和位置,将两段水线使用高熔点焊料焊接,形成固定的"Y"形。调整"Y"形水线的开口大小,使得水线形状与男戒相匹配,如图1-47所示。

图1-47 "Y"形水线

3. 锉修水线端头

为了获得好的连接效果,需要对水线端头进行修理。使用卜锉锉修水线端头,使其形状与戒脾表面弧度相匹配,二者能够紧密贴合。

4. 焊接水线

端头锉修完毕后,应完成水线与戒身的连接。使用中低熔点焊料,先焊接一个焊点,右手持焊夹,夹起水线,使用组合焊具加热水线,再使用焊粉助熔,将焊料熔于水线端面备用。加热男戒原版,待其温度接近焊料熔点时,将水线附着焊料的端面靠近预先确定的对接位,继续加热,将水线与戒指熔合焊好。焊接过程中要控制火焰大小,焊料熔化后,移开火焰,在焊料凝固的过程中水线与戒指应避免出现相对位移。完成第一个焊点后,检查水线的位置及另一个焊点的贴合情况,必要时进行适当的钳修,以使另一个焊点也与戒身贴合,然后焊接牢固。

5. 煮矾水

男戒原版煮矾水过程与女戒原版煮矾水过程相同,可参见1.4.3中的"煮矾水"相关内容。

6. 执修

男戒的执修主要是针对原版表面的处理，操作与女戒原版执修过程相同，可参见 1.4.3 中的"执修"相关内容。

1.5.4 任务评价

如表 1-12 所示，学生根据自身完成任务及课堂表现情况进行自评，之后教师进行评价打分。

表 1-12 任务评价单

评价标准	分值	学生自评	教师评分
正确使用度量工具	10		
全面记录戒指的关键尺寸	20		
水线设置位置的合理性	30		
水线焊接质量	10		
分工协作情况	10		
安全操作情况与环境卫生	10		
回答问题的准确性	10		

1.5.5 课后拓展

1. 完成吊坠水线设置

(1) 根据授课教师现场给定的吊坠尺寸和形状，选定合适的水线尺寸和数量。
(2) 按 1.5.3 操作步骤完成吊坠水线的制作。
(3) 评价水线质量。

2. 小组讨论

(1) 若首饰需要设置多条水线，在确定水线数量时，应当考虑哪些要素？
(2) 水线设置的位置能否和首饰不在一个平面上？

项目 2　模型制作

项目导读

首饰有了原版后,就可以翻制模型,实现批量化生产。根据材料的软硬特性,模型可分为软模和硬模。

软模材料一般采用弹性橡胶,橡胶材料的性质影响着橡胶模型的质量。市场上有许多类型的橡胶,有天然橡胶,也有使用了各种添加剂的改性橡胶。在各种改性橡胶中,硅橡胶以其良好的耐热性、力学性能、原版复制性能、铸件脱模性能等,成为首饰铸造中广泛使用的橡胶材料。硅橡胶需要通过硫化来完成橡胶分子的交联,即由线型结构的大分子交联为立体网状结构的大分子,从而具备弹性、不粘性、耐热性、不溶解性等性能。按照其硫化的方式,可分为高温硫化硅橡胶和室温硫化硅橡胶两大类。硅橡胶中添加剂的类别、数量不同,性能也有一定差别。有些硅橡胶耐用、有弹性,取出蜡模时不易开裂或变形;有些硅橡胶更硬,复制性能更好,但耐用性差些,更容易开裂;有些硅橡胶的收缩率非常小,更有利于保证尺寸精度。生产中可根据实际需要进行选择。

硬模材料有低温合金、铝合金等,通过数控加工成型,或制成外壳再倒入低熔点合金获得首饰模型。这一类模型的最大特点是制作蜡模时不会发生弹性变形,可以很好地保证蜡模的尺寸精度和稳定性。

本项目通过 5 个典型任务及课后拓展任务,帮助学生掌握制作高温硫化硅橡胶模、室温硫化硅橡胶模和合金模的基本原理及操作技能。

学习目标

- 掌握首饰模型制作对橡胶的性能要求
- 熟悉常用首饰模型橡胶的品牌和特点
- 熟悉首饰橡胶模质量要求及常见问题
- 掌握首饰橡胶模的制作工艺过程及操作要求
- 掌握不同类别模型的特点

职业能力要求

- 会制作高温硫化硅橡胶模
- 会制作室温硫化硅橡胶模
- 会制作合金模

任务 2.1 简单戒指银版高温硫化硅橡胶模的制作

2.1.1 背景知识

1. 硅橡胶及其类型

天然橡胶弹性好、抗撕裂能力强,但是因为主链结构中有大量双键,易被臭氧破坏而导致降解或交联,所以不能直接使用,通常通过合成的方式获得二烯系、丙烯酸酯系、氨基甲酸酯系、多硫系及硅氧烷系等橡胶。

硅橡胶是指主链由硅原子和氧原子交替构成、硅原子上通常连有 2 个有机基团的橡胶。普通的硅橡胶属于硅氧烷系橡胶,主要由含甲基和少量乙烯基的硅氧链节组成,如图 2-1 所示。苯基的引入可提高硅橡胶的耐高温、耐低温性能,三氟丙基及氰基的引入则可提高硅橡胶的耐温及耐油性能。硅橡胶耐低温性能良好,一般在 －55℃ 下仍能工作。引入苯基后,可耐受 －73℃ 的低温。硅橡胶的耐热性能也很突出,在 180℃ 下可长期工作,温度稍高于 200℃ 时也能在数周或更长时间内保持弹性,瞬时可耐 300℃ 以上的高温。它能够很好地满足首饰模型的使用要求,被首饰行业广泛使用。

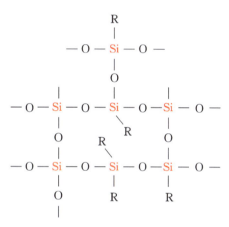

图 2-1 硅橡胶结构图

根据模具结构和产品生产工艺的差异,硅橡胶模的制作方法可以分为 5 个常见类型,即浸胶成型、压制成型、压铸成型、注射成型和挤出成型。

2. 高温硫化硅橡胶

热硫化型硅橡胶用量最大,按照其组成又可分甲基硅橡胶、甲基乙烯基硅橡胶(用量及产品牌号最多)、甲基乙烯基苯基硅橡胶(耐低温、耐辐射),其他还有腈硅橡胶、氟硅橡胶等。硅橡胶的补强剂是白炭黑($SiO_2 \cdot nH_2O$),按生产方式可分为气相白炭黑、沉淀白炭黑和其他形式的白炭黑 3 种,每种又可依平均粒径分为若干牌号。硅橡胶生胶的强度很差,加入适当数量的白炭黑,可使其强度提高 10 倍以上。根据侧基基团的不同,可以得到不同用途的橡胶。一般按用途和性能将高温硫化硅橡胶分为通用型、低压缩永久变形型、低收缩型、阻燃型、耐溶剂型、高温型等。

高温硫化硅橡胶是以线形高聚合度(5000～10 000 个硅氧烷链节)的聚硅氧烷为生胶,添加补强填料、增量填料、结构化控制剂及性能改进助剂配制而成的胶料,再加热硫化形成弹性体。它具备以下特点:①耐高温也耐低温,可以在一个很宽的温度范围内使用;②具有比其他高分子材料更好的热稳定性、耐辐照性和耐候性;③硫化后的硅橡胶无毒、无味,与人体组织不粘连,存放过程中不易老化变硬。

3. 首饰用高温硫化硅橡胶

硅橡胶具有良好的复制性能、优良的弹性和一定的强度,若用其制作模型,在注蜡后,可以利用模型的弹性方便地将蜡模取出,因而它被广泛应用于首饰模型。

目前,首饰铸造行业中常用的高温硫化硅橡胶胶片品牌为 Castaldo,如图 2-2 所示,它含有一定量经改性处理的天然橡胶,有很好的柔韧性及一定的抗断裂强度,使用寿命长,复形效果良好。国产橡胶以二四基氯硅烷为主要品种,分子链柔顺而耐高温,但是也存在一些缺点,即硬度偏高,取模难度较大,同时抗撕裂强度低。它在实际生产中使用寿命较短,综合成本较高。

硅橡胶在硫化过程中会产生一定量的收缩,在设计原版尺寸时必须考虑收缩量。硅橡胶本身没有透气性能,在注蜡时会阻碍气体逸出,可以通过在模型中开设透气线、透气孔来解决。模型使用时必须保持非常干净,外来物质(如滑石粉、灰尘等)会增加蜡模的表面缺陷,这些缺陷随后也会转移到铸件上。

4. 制作高温硫化硅橡胶模的主要设备和工具

制作高温硫化硅橡胶模时常用的工具包括压模机、铝合金压模框、橡胶板、铝垫板、手术刀、剪刀、双头索嘴、镊子、油性笔等。

压制胶模①的设备是(硫化)压模机,其功能是将生的硅橡胶在一定温度和压力下进行硫化,使之成为韧性强和弹性较好的熟化橡胶。

传统的手工压模机如图 2-3 所示,主要部件包括龙门架、底座、升降丝杠、旋转手柄、带电阻丝和感温器件的加热板、控温器等。该类设备主要采用手工进行操作和控制,价格较便宜,可满足高温硫化硅橡胶模的压模需要,但是它采用比较薄的普通铝板,有时存在

图 2-2 Castaldo 高温硫化硅橡胶片

图 2-3 手工压模机

---

① 若无特别说明,书中简称的"胶模"均指硅橡胶模。

发热不均匀的问题,可能会导致硅胶硫化不充分和不均匀;在控制方面,采用普通旋钮、按钮,容易损坏失灵;另外,没有散热风扇和保护装置,使用过程中机身容易发烫。

随着技术的进步,压模机在结构、功能和控制方式等方面有了新的变化,出现了数显压模机和智能气动压模机等新款式。

典型的数显压模机如图 2-4 所示,它具有如下特点:采用铸钢龙门架和铸铁底座,设备刚度和稳定性好;采用触摸屏操作,可精准设定压模温度和压模时间;采用铸铝发热板,强度和刚度较好,导热性好;在工作面表面采用喷砂工艺,使发热更均匀,能耗损失少,使用寿命更长;机身后面装有散热风扇,底座不烫手,保护内部线路免受高温影响,还装有蜂鸣器和保护装置。

典型的智能气动压模机如图 2-5 所示,它具有如下特点:压模采用气动方式,压模压力和压模时间可根据模具大小进行调节,可对整个压模过程进行监控,使加温、压紧、合模、保压、复位等各工序更智能,使压力值设置更合理;设有智能记忆功能,每一阶段倒计时压模完成后数字归零,跳转到下一阶段,上一阶段的设定时间会复位,可分别查看;采用数字程序化控制和图形化界面,操作简单,信息直观。

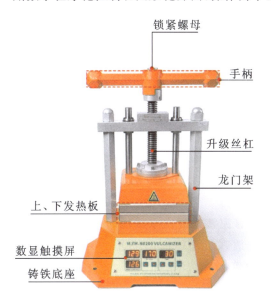

图 2-4 数显压模机

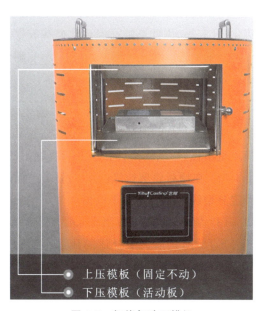

图 2-5 智能气动压模机

与压模机配套使用的还有压模框。根据一次压制胶模数量的不同,压模框可以分为单孔、双孔、四孔等型号,如图 2-6 所示。制造压模框的材料通常是铝合金,主要参数为内框的长度、宽度、厚度。

一般内框的宽度为 47mm 或 48mm,长度为 73mm 或 74mm。压制较大的原版时,内框宽 64～70mm,长 90mm 或 95mm。而压制较小的原版时,可以用宽 40mm、长 60mm 的搭配。除了常用的压模框规格外,也可以根据产品特性定制具有特殊长、宽的压模框。

(a) 单孔压模框　　　　　　(b) 双孔压模框　　　　　　(c) 四孔压模框

图 2-6　铝合金压模框

压模框厚度常在 12~36mm 之间,呈等差数列,公差为 3mm,其原因是首饰胶的厚度正好为 3mm。

5. 高温硫化硅橡胶模质量的影响因素

高温硫化硅橡胶由压制成型,其制作方法中主要包含 3 个关键工序——填压生胶、硫化、开胶模,因此影响高温硫化硅橡胶模质量的因素主要为生胶填压质量、硫化过程和开胶模的质量等。这些制作过程的影响因素也需要引起注意。

1) 填压生胶

(1) 在填压生胶前,需要清理原版表面。清洁的表面能够充分地与橡胶接触,便于完整、准确地复制出原版的形貌,获得高质量的橡胶模型。污损的原版表面,则可能造成胶模质量不佳,影响使用;同时,可能复制出污垢的形貌,为后续工作带来麻烦。

(2) 在原版轮廓边缘画出分型线。所谓分型线,就是胶模在分割开时的位置参照线。确定分型线的原则是易于取模。

(3) 填压生胶时,应当保证生胶在硫化前能够完整地裹住原版,所以需要根据原版的外形尺寸,选取大小合适的压模框,将原版安放在胶片的适当位置,采用挖、塞、缠、填、补等方式,将原版的上凹位、镂空位、镶石位等用胶填实,如图 2-7 所示,确保原版与胶片之间没有缝隙。填埋生胶时也应按照同一方向进行填埋,以免压出的胶模过于坚硬,影响后期开模和使用。为确保原版处于胶片的中间夹层,同时保证胶模的使用寿命,压制胶模通常至少需要 4 层胶片。在填压生胶的过程中,要保持胶片、工具和操作人员手部清洁,以防止胶片间沾染脏物而在硫化后出现分层。硫化前,将生胶压入压模框后,生胶应高于框体约 2mm,如图 2-8 所示,以确保硫化后胶模的致密度。填压生胶时,要在其中埋入圆锥形的注蜡嘴模,也称水口帽,与原版水线相接,最终成为胶模的注蜡嘴。

(4) 目前市场上填压生胶除了使用同一种胶片制作外,也可将两种胶组合使用。使用的两种胶为黄色包芯胶(图 2-9)和玫红色胶(图 2-10),其中黄色包芯胶用于首饰内部结构复形,玫红色胶作为结构胶。

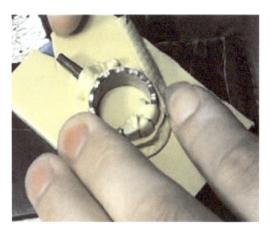

图 2-7 填胶

图 2-8 生胶高出模框 2mm

图 2-9 黄色包芯胶

图 2-10 玫红色胶

2）硫化

硫化过程的 3 个主要参数是压力、温度和时间。

（1）压力。高温硫化过程的压力是以压强的形式来体现的。施加压力形成压强，可以压实胶片与原版之间的间隙，使生胶充分接触，连成整体，同时隔绝空气，防止胶模产生气泡。通常建议压强范围为 5～20MPa。可根据实际情况和工作经验探索相对固定工作环境下的最佳压力。在硫化过程中，受到橡胶自身变化的作用，需要动态调整所施加的压力。

（2）温度。硫化的过程就是使压模框中的生胶经高温发生交联变成熟胶的过程。温度过低可能造成硫化不充分，温度过高则可能造成胶模变形。不同品牌的胶片硫化温度有所区别，每一种胶在相应的厚度下都有一个最佳的硫化温度，可接受的最大温度范围为143～173℃，典型硫化温度为150℃，可根据橡胶供应商的建议进行调整。

（3）时间。硫化的快慢直接反映硫化过程的用时，而时间和温度是联动的。在硫化温度选定后，硫化时间取决于模型厚度，如12mm厚硫化用时30min，18mm厚用时45min，36mm厚用时75min（模型最大推荐厚度为36mm）。对于某固定的模型厚度，在满足硫化温度的低限和高限后，往往每降低10℃，硫化时间需要延长30min。

橡胶是热的不良导体，热量传导至模型芯部所需的时间较长。要根据温度不时地调整硫化压力，以使模型各部位的温度均匀，硫化充分。完成硫化后，迅速取出胶模，让胶模自然冷却，随后就可以进行开胶模的操作。

3）开胶模

所谓开胶模，就是在硫化后，沿水线和原版分型线，按原版的形状复杂程度，用锋利的刀片将橡胶模切割成相互匹配的若干部分，取出原版，获得注蜡通道和空腔的过程。开胶模的目的是在胶模注蜡后能够顺利地取出蜡模。在首饰工厂中，开胶模是一项技术要求很高的工作。若操作不当，可能导致注蜡时蜡模在分割面产生披锋，也可能在割模时损伤原版。开胶模的好坏直接影响蜡模的质量、取模的操作难度及胶模的使用寿命。

将胶模分割成若干部分后，需要再组装回整体，此时容易出现错位等情况。若胶模材质偏软，则错位发生的概率更高。为了准确组装回原始状态的整体结构，分割面上要设置定位结构，以在注蜡时对上、下模进行准确定位。一般有两种定位方式：一种是割出线条分明的波浪线，也称波浪线定位，如图2-11所示；另一种是在胶模的4个角位割出凹凸定位结构，也称四角定位，如图2-12所示。

模型的切割需要较高的技术水平。技术高超的开模师傅开出的胶模，在注蜡后基本没有变形、断裂、出现披锋的现象，基本不需要修蜡、焊蜡，能够节省大量修整工时，提高生产效率。

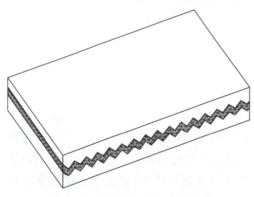

图2-11　胶模的波浪线定位示意图

图2-12　胶模的四角定位

一些情况下，若原版具有底切部分，如带有"C"形内凹断面的戒指（图2-13），在开胶模时如果采用切成两块的方式会存在两个问题：一种是沿侧面切割，则原版嵌在胶模中，后续注蜡取蜡模时需要胶模产生较大的变形才能取出,此时蜡模受力较大,容易发生变形甚至断裂;另一种是沿最大外轮廓切开,此时分型线位于镶口上,注蜡容易形成披锋,增加修蜡成本,且取蜡模时内凹部件仍然会给蜡模较大的作用力,蜡模依然有断裂、变形的风险。

（a）戒指的内部结构　　　　　　　　　　（b）戒指的花头结构

图 2-13　带"C"形内凹断面的戒指

对于这种具有底切部分的首饰,在制作胶模时无法采用切成两块的方式以制作出能够达到要求的胶模,需要将其切割为三部分或者更多部分,如切割活块(图 2-14)。切割这样的橡胶模需要一些经验,以获得能进行熔模铸造的好模型。

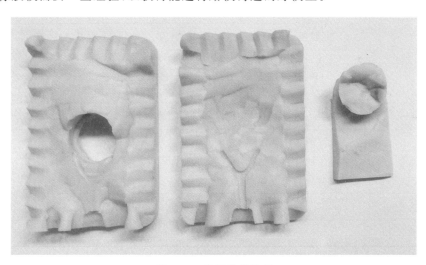

图 2-14　带活块的胶模

2.1.2 任务单

简单戒指银版高温硫化硅橡胶模的制作任务单如表2-1所示。

表2-1 项目任务单

学习项目2	模型制作		
学习任务1	简单戒指银版高温硫化硅橡胶模的制作	学时	1
任务描述	根据戒指的银版选定合适的压模框,裁取相应大小的胶片,完成原版的填压生胶、硫化和开胶模,得到戒指的胶模		
任务目标	①会分析原版结构并确定模型的分型线 ②会根据原版特点选择合适的橡胶 ③会填压生胶 ④能操作压模机		
对学生的要求	①熟悉压模框的常用规格 ②能够熟练地使用工具完成简单戒指银版高温硫化硅橡胶模的制作 ③按要求穿戴好劳动防护用品,注意安全操作 ④实训完毕后对工作场所进行清理,保持场地卫生		
明确实施计划	实施步骤	使用工具/材料	
	原版预处理	无水乙醇、无尘纸、油性笔、戒指原版	
	填胶准备	双孔压模框、生胶片、剪刀、手术刀、镊子	
	填压生胶	双孔压模框、生胶片、剪刀、手术刀、镊子	
	硫化	手工压模机	
	开胶模	剪刀、尖嘴钳、手术刀、台夹等	
	开透气线	手术刀	
	后处理	脱模剂、油性笔	
实施方式	3～5人为一小组,针对实施计划进行讨论,制订具体实施方案		
课前思考	①生胶片的大小如何确定? ②如果生胶片表面粘灰,可能发生什么后果? ③橡胶硫化为何要加温加压?		
班级		组长	
教师签字		日期	

2.1.3 任务实施

本任务为制作简单戒指银版的高温硫化硅橡胶模。

1. 原版预处理

先用无水乙醇和无尘纸对戒指原版表面进行清洁,再用油性笔在戒指外边缘轮廓的光洁表面区域画上分型线,如图 2-15 所示。

2. 填胶准备

选取双孔压模框,并根据压模框内框的长、宽尺寸将生胶片剪成同等大小的胶块备用,如图 2-16 所示。

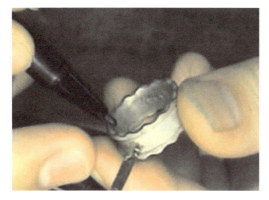

图 2-15 画分型线

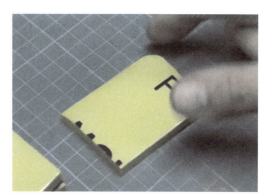

图 2-16 剪成块的生胶片

3. 填压生胶

撕掉生胶片的保护膜,将两片生胶片叠在一起,再将戒指原版压在胶片中间,在戒指原版水线的末端放入一枚水口帽,并使其与压模框侧边贴合,如图 2-17 所示。将戒指原版周边间隙用细胶条填满。随后用生胶片盖在表面,使得戒指原版被夹在生胶片中间,并确保生胶片高出压模框约 2mm,如图 2-18 所示。

图 2-17 放入水口帽

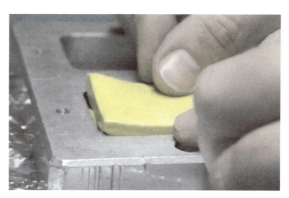

图 2-18 填压生胶

4. 硫化

将手工压模机接通电源,加热温度设置为175℃,打开开关预热30min。完成预热后,将填入了生胶片的压模框放在上、下发热板之间,如图2-19所示,操作旋转手柄,使加热板压紧压模框,并计时30min。硫化几分钟后旋转手柄,确保因开始硫化而引起的卸力能够即时补回。

5. 开胶模

硫化结束后,从压模机上取出压模框,并从压模框中取下胶模。准备开胶模。

(1) 将压过的胶模冷却至不烫手,用剪刀剪去飞边,用尖嘴钳取下水口帽,撕去焦壳。

(2) 将胶模水线朝上直立,使用手术刀从水线的一侧沿胶模的四边中心线切割,深度为3~5mm(可根据胶模大小适当调整),切开胶模四边。

(3) 在第一次下刀处切割第一个角。先割开两个直边,深度为3~5mm(可根据胶模大小适当调整),再用力拉开已切开的直边,沿45°切开一个斜边,形成一个以直角三角形开头的凸出结构。这时切口的胶模两半部分应该有对应的凹、凸三角形相互吻合,如图2-20所示。

图2-19 将压模框放入压模机

图2-20 胶模的四角定位

(4) 按照上一步的操作过程,依次切割出其余3个角。

(5) 拉开第一次切开的角,用刀片平稳地沿中线向内切割(如果采用曲线切割法,则应按照一定的曲线摆动刀片,划出鱼鳞状或波浪形的切面),一边切割一边向外拉开胶模,快到达水线位置时则要小心,用刀尖轻轻挑开胶模,露出水线。再沿戒指外圈的一个端面切开戒指圈。

(6) 取出戒指原版,注意观察原版与胶模之间有无胶丝粘连,若有粘连,必须切断。如果取出原版时有较大的阻力,需要结合实际情况将胶模切开。

6. 开透气线

胶模割开后,为了增加排气性,需要在胶模上划出透气线。观察原版形成的空腔特点,分析可能存在空气聚集的地方,顺着蜡液流动的方向,用手术刀划出几条线,帮助空腔中的空气排出,以便在注蜡时能够获得完整的蜡模。

7. 后处理

胶模割好后,将模腔清理干净,喷上脱模剂,再装配在一起,并在胶模表面写上胶模号。

2.1.4 任务评价

如表 2-2 所示,学生根据自身完成任务及课堂表现情况进行自评,之后教师对其评价打分。

表 2-2 任务评价单

评价标准	分值	学生自评	教师评分
分型线确定	10		
胶模完成质量	40		
分工协作情况	10		
安全操作情况	10		
场地卫生	10		
回答问题的准确性	20		

2.1.5 课后拓展

1. 简单吊坠胶模制作

(1) 根据授课教师提供的素金吊坠尺寸,选取合适的压模框。
(2) 根据压模框内框尺寸剪取适当大小的生胶片。
(3) 将原版画上分型线,并开始填压生胶。
(4) 使用压模机完成硫化。
(5) 割开胶模,并测试胶模的注蜡质量。

2. 小组讨论

(1) 首饰原版的分型有哪些注意事项?
(2) 如何判定胶模的制作质量?

任务 2.2　带内凹戒指银版高温硫化硅橡胶模的制作

2.2.1　背景知识

1. 首饰的质量控制

传统首饰具有保值增值、装饰美化、象征纪念等功能特性。在一些消费者眼中,佩戴珠宝首饰是为了彰显佩戴者的财力,因而以近乎夸张的形式制造的黄金首饰一度受到追捧,如硕大的金链子、金戒指。但是首饰是随着人类文明发展而发展的,与社会风气和文化氛围密切相关,为了让首饰走近消费者且更便于佩戴,对其质量进行限制成为主流方向。具体分析,原因有以下几点。

1) 首饰轻盈性的要求

明朝张存绅在《增订雅俗稽言》中记载:"古以男子之冠为首饰"。也就是说,最初首饰指头顶之物,自然不能过于沉重。而且随着发展,人们认识到首饰要与所穿服饰等搭配,轻盈的首饰可以起到点缀装饰作用,同时不会给佩戴者带来新的麻烦,且轻盈的质感能够凸显首饰的精致,由此受到人们的喜爱。

2) 消费群体的单价需求

在人类社会早期,拥有首饰是贵族的特权,是身份的象征,这些人拥有大量财富,自然对首饰的成本不太在意。但是随着首饰走向大众化,人人皆可佩戴,消费者对首饰价格的敏感度越来越高。首饰材料多为贵金属,多以克为单位计价,通过控制首饰的质量,能够更直接地控制首饰成本,消费者更易接受。

3) 首饰生产企业规范生产的需要

规范的贵金属首饰生产过程能够更好地保障产品质量,控制经营成本。通过限制首饰质量,一来可以更准确地估算首饰用料,二来可以使不同批次首饰产品的质量保持稳定,以免因操作人员不同而导致产品质量差异过大。

2. 首饰限重的途径

随着首饰设计的多样化,对装饰的立体感也有了更高的要求。为了达到需要的立体效果,越来越多的首饰在设计中采用了起伏式结构,材料尺寸和首饰质量也随之增加。为了使首饰在不突破质量限制的前提下尽可能结构多变,首饰设计师和工艺师推动了对首饰内凹结构的开发。内凹幅度较大时,会造成凹陷空间过大,此时通过添加网底设计,能够降低凹陷的视觉感受,提升美感。此外,通过增加网底还可以有效保护宝石,使之不易受损脱落,如图 2-21 所示。

对于具有内凹结构或带底网等结构的首饰而言,在压制胶模开胶时,为了保证开模顺利,需要作开底处理。对于带网底的结构,需要将网底部分与首饰主体拆开进行模型制作,分别制作出各类部件后,再在执模环节将首饰网底焊接回来,恢复网底结构。

压制模型后,为确保后续取蜡模时不断蜡,有时需要进行开底处理。所谓开底,就是在开胶模时沿首饰内圈深切整个圆周,使切口接近底面,不要切透。翻转胶模,用手指抓住胶模两边向切口方向弯折,可以观察到内圈的圆周切口以及镶口、花头部分切口的痕迹(因未切割透,剩余的橡胶拉伸形成略凹的浅痕)。沿这些痕迹切割至对应水线的位置,再沿与水线平行的方向切割宽8~12mm的长条,长度接近水线。这时的底部形成一个类似蘑菇的形状,已经能够将戒指的内侧部分从切开的底部拉出,形成一个活块,这步操作就是割胶模活块,如图 2-22 所示。这样的胶模在注蜡后,才能顺利地将蜡模取出。对于一些结构更为复杂的模型,可能还需要采用盘剥的方式,将模型退出,取出原版。有的结构还需要将活块分解成多块,从胶模外抽出的活块通常称为外活块,夹在胶模内部的活块称为内活块。

图 2-21 带网底的镶钻戒指

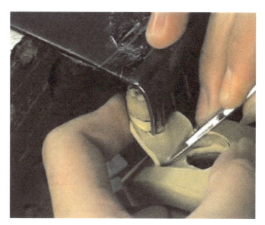

图 2-22 割胶模活块

对于不同结构类型的首饰,开胶模和后续的取蜡模方式会存在较大差异。对于结构简单、对称的首饰原版,可采用直接取模的方式;对于内凹结构明显但是对称性较好的首饰,可以采用设置活块的方式;而对于还有一些结构被包裹在胶模内无法通过设置活块或直接切开取出的,还可以通过盘剥的方式割开,后续注蜡后可以剥开取件,再以缠、裹的方式复原。

2.2.2 任务单

带内凹戒指银版高温硫化硅橡胶模的制作任务单如表 2-3 所示。

表 2-3 项目任务单

学习项目 2	模型制作		
学习任务 2	带内凹戒指银版高温硫化硅橡胶模的制作	学时	1.5

表2-3（续）

任务描述	根据内凹戒指的银版，选定合适的压模框，裁取相应大小的胶片，完成对原版的填压生胶、硫化和开胶模，得到戒指的胶模
任务目标	①进一步熟悉压胶模的操作流程 ②会分析内凹结构的特点 ③熟练掌握压模机操作技能
对学生的要求	①熟悉压胶模的流程 ②能够针对有内凹结构的首饰完成硅橡胶模的制作 ③按要求穿戴好劳动防护用品，注意安全操作 ④实训完毕后对工作场所进行清理，保持场地卫生
明确实施计划	实施步骤 | 使用工具/材料 原版预处理 | 无水乙醇、无尘纸、油性笔、内凹戒指原版 填胶准备 | 双孔压模框、生胶片、剪刀、手术刀、镊子 填压生胶 | 双孔压模框、生胶片、剪刀、手术刀、镊子 硫化 | 自动压模机 开胶模 | 剪刀、手术刀、台夹等 开活块 | 手术刀、台夹等 开透气线 | 手术刀 后处理 | 脱模剂、油性笔
实施方式	3人为一小组，针对实施计划进行讨论，制订具体实施方案
课前思考	①带内凹结构的戒指与简单直圈戒指有什么区别？ ②内凹结构会带来怎样的变化？ ③如何保证内凹结构首饰在后续取蜡模时不损坏蜡模？
班级	组长
教师签字	日期

2.2.3 任务实施

本任务为制作内凹戒指银版的高温硫化硅橡胶模。

1. 原版预处理

用无水乙醇和无尘纸将内凹戒指原版（图2-23）清理干净，并在一侧的轮廓边缘画上分型线。

图2-23 内凹戒指原版

2. 填胶准备

选取双孔压模框,并根据压模框内框的长、宽尺寸将生胶片剪成同等大小的胶块备用。

3. 填压生胶

将内凹戒指原版压在胶片中间,并剪出小胶条,将间隙位填满。将水口帽作为压模框和戒指原版水线的过渡。操作与2.1.3第3步相同。

4. 硫化

使用自动压模机压制胶模。提前打开设备预热,完成预热后,将压模框放入压模机中(图2-24),将上模和下模的加热温度设置为175℃,并根据设备的加热速度逐渐提高压力直到550kPa。保持此压强40min如图2-25所示。

图 2-24 将压模框放入压模机

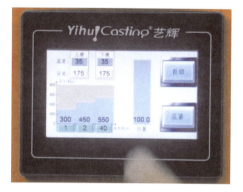

图 2-25 设置参数

5. 开胶模

硫化结束后,从压模机中取出压模框,并从压模框中取下胶模。先用剪刀剪掉胶模边缘多余的披锋。使用手术刀沿胶模边缘割出4个角,再向里沿分型线分割成两块,如图2-26所示。开胶模的具体操作参见2.1.3第5步。

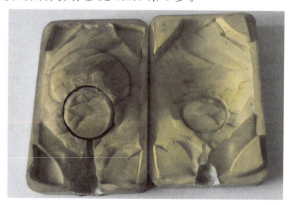

图 2-26 割开胶模

6. 开活块

"C"形内凹不能够直接取出,所以需要开活块。沿戒指内圈深切整个圆周,使切口接近底面,翻转胶模,用手指抓住胶模两边向切口方向弯折,可以观察到内圈的圆周切口以及镶口、花头部分切口的痕迹。沿这些痕迹切割至对应水线的位置。将镶口部分割出一块,作为内活块;接着再将内凹戒指的内圈部分割出一块外活块(图2-27)。

图2-27　割出外活块

7. 开透气线

割开胶模后,再用手术刀在胶模上划出透气线。详见2.1.3的第6步。

8. 后处理

将模腔清理干净,喷上脱模剂,再装配在一起,并在胶模表面写上胶模号。

2.2.4　任务评价

如表2-4所示,学生根据自身完成任务及课堂表现情况进行自评,之后教师对其评价打分。

表2-4　任务评价单

评价标准	分值	学生自评	教师评分
分型线确定	10		
胶模完成质量	40		
分工协作情况	10		
安全操作情况	10		

表2-4（续）

评价标准	分值	学生自评	教师评分
场地卫生	10		
回答问题的准确性	20		

2.2.5　课后拓展

1. 内凹吊坠胶模制作

（1）根据授课教师提供的内凹吊坠尺寸，选取合适的压模框。
（2）根据压模框内框的尺寸剪取适当大小的生胶片。
（3）给原版画上分型线，并开始填压生胶。
（4）使用压模机完成硫化。
（5）割开胶模，并测试胶模的注蜡质量。

2. 小组讨论

（1）活块设计适用于哪些类型的首饰？
（2）设计活块的主要意义是什么？

任务 2.3　带细小转孔链节银版高温硫化硅橡胶模的制作

2.3.1　背景知识

1. 链类首饰

链类首饰是一种重要的首饰类型，通常由一个或多个链条组成，链条通过若干段基本单元的重复组合形成一定长度。根据装饰部位的不同，链类首饰又可分为项链、手链、腰链、脚链、领针等。其中的基本单元也称为链节。链节的多样化设计，使得链类首饰的呈现形式多姿多彩。链类首饰的一个重要特点就是能够根据佩戴位置的形状，自然弯曲，而这种功能的实现有赖于链类结构中链节之间的自由度设计。常见结构有环环相扣结构（图2-28）、舌簧与横担相扣结

图 2-28　环环相扣结构

构(图2-29)和转轴结构(图2-30)。

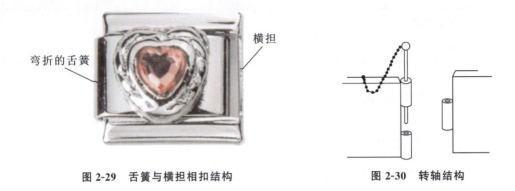

图 2-29　舌簧与横担相扣结构　　　　图 2-30　转轴结构

环环相扣结构是通过将开口环扣链后再将接头焊接,从而形成完整的相互扣接的环。舌簧与横担相扣结构的链节一边是舌簧,另一边是横担,通过一个链节的舌簧穿过另一个链节的横担后弯折而完成扣接。转轴结构则是链节两端为带孔的转筒,将一个链节与下一个链节拼接后,从转筒内插入转轴完成相互扣接,能够沿转轴半径方向相互转动。

2. 转轴结构的模型特点

对于具有环环相扣结构的链节,可以通过制作圈仔的方式完成批量生产。对于具有舌簧与横担相扣结构的链节,也可以通过压制胶模实现复制、批量生产。同样为提高生产效率,生产中也希望能够将转轴结构进行复制,实现批量生产。转轴结构包含了转轴和转筒。转轴可以通过拉线的方式,制备相应大小的线段,而转筒在压制胶模时要形成中空结构,难以实现。这里的难题主要有两个:①硅橡胶难以充分地填充进转筒,造成硫化后复制的结构不完整;②即便硅橡胶填充进了转筒,在割开胶模后,细小的硅橡胶针也无法回归到原有位置,而且注入蜡液时会被蜡液冲击发生移动,导致注蜡后无法复制出原版的形貌。

为了解决这两个难题,常用的方式是压制胶模时在转筒内预制可以插拔的钢针,割开胶模后预置的钢针就占据了中空的位置,注蜡后先拔掉钢针,就可以完整地取出蜡模,且蜡模上具有中空的转筒结构。

2.3.2　任务单

带细小转孔链节银版高温硫化硅橡胶模的制作任务单如表2-5所示。

表 2-5　项目任务单

学习项目2	模型制作		
学习任务3	带细小转孔链节银版高温硫化硅橡胶模的制作	学时	1.5

表2-5（续）

任务描述	根据链节的银版，将与链节孔大小相当的针穿过链节孔备用。选定合适的压模框，裁取相应大小的胶片，完成对原版的填压生胶、硫化和开胶模操作，得到链节的胶模
任务目标	①会分析带转孔的结构在压胶模时的处理方法 ②会根据原版结构确定胶模的分割结构
对学生的要求	①会处理带细小转孔原版的孔位 ②能够熟练地使用工具完成高温硫化硅橡胶模的制作 ③按要求穿戴好劳动防护用品，注意安全操作 ④实训完毕后对工作场所进行清理，保持场地卫生
明确实施计划	实施步骤	使用工具/材料
	原版预处理	无水乙醇、无尘纸、油性笔、带细小转孔的链节原版
	填胶准备	四孔压模框、生胶片、剪刀、手术刀、镊子
	转筒插针	带细小转孔的链节原版、大头针
	填压生胶	四孔压模框、生胶片、剪刀、手术刀、镊子、不同粗细的钢针
	硫化	自动压模机
	开胶模	剪刀、手术刀、台夹等
	开透气线	手术刀、钢针
	后处理	脱模剂、油性笔
实施方式	3人为一小组，针对实施计划进行讨论，制订具体实施方案
课前思考	①首饰原版上带有细小的转孔，如何才能够在复形时完整复制？ ②当钢针随原版一起压在胶模中后，割胶模时需要注意什么？
班级		组长	
教师签字		日期	

2.3.3 任务实施

本任务为制作带细小转孔链节银版的高温硫化硅橡胶模。

1. 原版预处理

用无水乙醇和无尘纸将带细小转孔的链节原版（图2-31）清理干净，并用油性笔在轮廓边缘画上分型线。

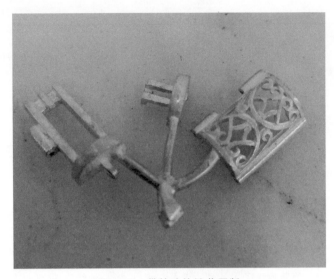

图 2-31　带转孔的链节原版

2. 填胶准备

选取四孔压模框,并根据压模框内框的长、宽尺寸将生胶片剪成同等大小的胶块备用。

3. 转筒插针

将大头针插入转筒内,一定要穿过整个转筒,并且将大头针头端预留在靠近胶模边缘一侧,如图 2-32 所示。

图 2-32　在转孔中插入大头针(钢针)

4. 填压生胶

将原版压在胶片中间,并剪出小胶条,将间隙位填满。将水口帽作为压模框和原版链节水线的过渡。

5. 硫化

使用自动压模机压制胶模。提前打开设备预热,完成预热后,将压模框置于压模机中。

6. 开胶模

硫化结束后,从压模机中取出压模框,并从压模框中取下胶模。先用剪刀剪掉胶模边缘多余的披锋。使用手术刀沿胶模边缘割出4个角,再向里沿分型线分割成2块,开胶模的操作见2.1.3第5步。切开胶模后找到大头针的位置,在胶模上切出豁口,使大头针头的一端露出一段,便于插拔大头针,如图2-33所示。开胶完成后,拔出大头针,取出原版。在取出原版时如果发现有阻挡位置,需要结合实际情况将胶模切开。

7. 开透气线

割开胶模后,在胶模上划出透气线。详见2.1.3的第6步。

8. 后处理

如图2-34所示,将模腔清理干净,喷上脱模剂,再装配在一起,并在胶模表面写上胶模号。

图2-33 胶模割开后的状态

图2-34 空胶模的状态

2.3.4 任务评价

如表2-6所示,学生根据自身完成任务及课堂表现情况进行自评,之后教师对其评价打分。

表 2-6 任务评价单

评价标准	分值	学生自评	教师评分
钢针的设置方案	10		
胶模完成质量	40		
分工协作情况	10		
安全操作情况	10		
场地卫生	10		
回答问题的准确性	20		

2.3.5 课后拓展

1. 含转筒首饰配件的胶模制作

(1) 选取合适的压模框。
(2) 根据压模框内框的尺寸剪取适当大小的生胶片。
(3) 给原版画上分型线,转筒内插入尺寸相当的钢针后开始填压生胶。
(4) 使用压模机完成硫化。
(5) 割开胶模,并测试胶模的注蜡质量。

2. 小组讨论

(1) 如果转筒不是直筒,该如何处理?
(2) 除了插入钢针外,有没有其他可行的方法?

任务2.4　3D打印树脂版室温硫化硅橡胶模的制作

2.4.1 背景知识

1. 3D打印树脂版的特点

3D打印树脂版所用的材料为光固化快速成型光敏树脂,主要由预聚物、活性稀释剂、光引发剂等组成。

预聚物是光敏树脂的核心构成,是固化的骨架结构,其分子量通常在 1000～5000 之间,是带有参与反应官能团的化合物,主要有丙烯酸酯化环氧树脂、不饱和聚酯、聚氨酯和多硫醇/多烯光固化树脂体系几类,如乙氧化双酚 A 二丙烯酸酯、三乙二醇二乙烯基醚、3,4-环氧环己基甲基-3′,4′-环氧环己基甲酸酯等。(甲基)丙烯酸酯聚合快,强度大,应用较为广泛;乙烯基醚作为一种不饱和单体,其反应活性高,既可以发生自由基聚合、阳离子聚合和电荷转移复合物交替共聚,又具有高活性、低毒性、气味小和高黏度等特点;环氧单体可以在光照下发生阳离子开环聚合,聚合收缩率要小于(甲基)丙烯酸酯基树脂。

活性稀释剂起着两大作用:一是稀释高黏度的预聚物,二是与预聚物发生固化交联反应。活性稀释剂的不同会影响树脂的光固化速率和固化性能。它一般都含有 C═C 双键或者环氧键。氧杂环丁烷是一种环状醚类单体,既有 C═C 双键,又有环氧键,它在光照下可以发生阳离子开环聚合,常用作活性稀释剂。

光引发剂又称光敏剂或光固化剂,是一类能在紫外光区(250~420nm)或可见光区(400~800nm)吸收一定波长的能量,产生自由基、阳离子等,从而引发单体聚合交联固化的化合物。光引发剂的作用机理主要包括能量转换、夺氢和生成电荷转移复合物 3 种,根据引发机理的不同,可分为自由基型光引发剂和阳离子型光引发剂。自由基型光引发剂多是安息香及其衍生物、苯偶酰及其衍生物、苯乙酮及其衍生物、二苯甲酮或杂环芳酮类化合物等;阳离子型光引发剂主要有芳基重氮盐、二芳基碘鎓盐、三芳基硫鎓盐、芳基茂铁盐等。

目前利用 DLP 打印技术制作原版常常采用的是低黏度液光敏树脂,它具有固化速度快、高精度、高硬度、低灰分、无残留、失蜡铸造效果好等特点,可以长时间连续打印不粘底。通过调整其成分,可以适应不同的应用场景。例如:含 40% 蜡填充材料的 castable wax 40 resin 树脂蜡和含 20% 蜡填充材料的 Castable wax 树脂蜡,燃烧后的灰分占比低于 0.1%,可以直接用于翻石膏模进行铸造;而 Formlabs High Temp Resin 树脂的拉伸模量达 0.75GPa,弯曲模量达 0.7GPa,且在矿物油等介质中浸泡 24h 后吸胀量低于 1%,可以用于室温硫化硅橡胶模的压制复形。

2. 室温硫化硅橡胶(room temperature vulcanized silicone rubber,RTV)

室温硫化硅橡胶,是指在室温下能硫化的硅橡胶。通常其分子链两端含有羟基、乙烯基等活性基团,分子量比较低。它有单组分室温硫化硅橡胶(RTV-1)和双组分室温硫化硅橡胶(RTV-2)两种。

首饰压胶模所用材料通常属于 RTV-2,硫化前具有操作时间长、流动性好、黏度低的特点。该胶料呈现流动性液体状,分为 A、B 两种组分,使用时将 A、B 胶按照质量比 1∶1 混合搅拌均匀,灌注于围好的首饰模框中,经过常温或者加温硫化成型。成型之后的胶模具有一定的强度和抗撕裂性能,能够满足首饰模型性能要求,但是与高温硫化硅橡胶相比有一定差距,如表 2-7 所示。

表 2-7 室温硫化硅橡胶与高温硫化硅橡胶性能对比

硅橡胶类型	硫化时间/min	可操作时间	硫化温度	撕裂强度/(kN·m^{-1})	拉伸强度/MPa	线收缩率/%	存放时长/年
室温硫化硅橡胶	>240	混胶后 30min 内	室温,若加温,应不超过 130℃	20~35	6~8	0.1	5
高温硫化硅橡胶	30~75	不受时间限制	143~173℃	40~55	10~12.5	0.1	10

利用室温硫化硅橡胶制作模型的最大优势在于制作过程不需要加压,在室温下可自然硫化。对于蜡版、树脂版、泥塑版等不耐温、耐压的原版,能够直接翻制胶模。若希望提高硫化速度,在原版可承受的前提下,允许通过加热提升硫化速度,但加热温度不能超过130℃。

2.4.2 任务单

3D打印树脂版室温硫化硅橡胶模的制作任务单如表2-8所示。

表2-8 项目任务单

学习项目2	模型制作		
学习任务4	3D打印树脂版室温硫化硅橡胶模的制作	学时	1
任务描述	对于3D打印树脂原版,因其不能经受较大压力与高温作用,应在无压常温条件下制作胶模。完成混胶、注胶、开胶模、修整等操作,制作出橡胶模型		
任务目标	①会分析原版结构并确定模型的分型线 ②会根据原版特点选择合适的摆放方式 ③会注胶		
对学生的要求	①能够根据需要对原版外围圈形,限制液体硅橡胶外溢 ②能够熟练地使用工具完成3D打印树脂原版的室温硫化硅橡胶模制作 ③按要求穿戴好劳动防护用品,注意安全操作 ④实训完毕后对工作场所进行清理,保持场地卫生		
明确实施计划	实施步骤	使用工具/材料	
	原版预处理	无水乙醇、无尘纸、油性笔、3D打印树脂原版	
	准备压模框和液体硅橡胶	压模框、热熔胶、胶枪、液体硅橡胶、电子秤	
	混胶	不锈钢器皿、玻璃棍	
	抽真空	抽真空机	
	注胶	压模框、抽真空机	
	硫化	洁净台	
	开胶模	手术刀、台夹等	
	开透气线	手术刀	
	后处理	油性笔	
实施方式	3~5人为一小组,针对实施计划进行讨论,制订具体实施方案		
课前思考	①混胶时是否所有的A胶和B胶都一定要按1:1配置?确定用量的依据是什么? ②有没有什么方法可以既保障复形效果,又可以节省硅橡胶?		
班级		组长	
教师签字		日期	

2.4.3 任务实施

本任务采用室温硫化硅橡胶完成对 3D 打印树脂原版的模型制作。

1. 原版预处理

使用无水乙醇和无尘纸清理树脂原版表面,并用油性笔在其最大轮廓的光洁表面区域画上分型线。

2. 准备压模框和液体硅胶

根据树脂原版的尺寸选取合适的压模框,将原版水线空置端固定在水口帽上,使用热熔胶将水口帽粘在模框边上,如图 2-35 所示,使得原版左右上下间隙基本一致,悬空固定在压模框正中。同时,使用热熔胶在压模框底边粘上底片,将其完全封住。根据压模框的大小估算硅橡胶的用量,并使用电子秤称取等质量的 A 胶和 B 胶。

3. 混胶

将 A 胶和 B 胶依次倒入不锈钢器皿中,采用玻璃棒沿着一个方向不断搅拌胶体,使之混合均匀,如图 2-36 所示。

图 2-35　固定原版

图 2-36　搅拌胶体

4. 抽真空

完成搅拌后,将胶液放入抽真空机(图 2-37)中。开始时有大量气泡冒出,注意控制真空度,以免胶液冒出容器外。当胶液冒出的气泡明显减少时,可停止抽真空。

5. 注胶

将抽好真空的液体硅橡胶倒入压模框内,将原版完全覆盖,如图 2-38 所示,并观察树脂原版是否移位。随后可将压模框放入抽真空机中再次抽真空。完成后,视硅橡胶的量,适当补加硅橡胶,如果表面出现气泡,可用针刺破。

图 2-37 带防尘罩的抽真空机

图 2-38 注胶

6. 硫化

将注好胶的压模框放置在平台上,静置 4h 硫化。可以根据实际情况将硫化时间适当延长至 6～12h。

7. 开胶模

待液体硅橡胶完全固化后,可取出开胶模。操作与 2.1.3 中第 5 步相同。

8. 开透气线

操作详见 2.1.3 中第 6 步。

9. 后处理

修整胶模的细节详见 2.1.3 中第 7 步。

2.4.4 任务评价

如表 2-9 所示,学生根据自身完成任务及课堂表现情况进行自评,之后教师进行评价打分。

表 2-9 任务评价单

评价标准	分值	学生自评	教师评分
液体硅橡胶称量适中	10		
胶模质量	40		

表 2-9（续）

评价标准	分值	学生自评	教师评分
分工协作情况	10		
安全操作情况	10		
场地卫生	10		
回答问题的准确性	20		

2.4.5　课后拓展

1. 蜡质原版胶模制作

(1) 根据授课教师提供的原版尺寸，选取合适的压模框。
(2) 根据压模框尺寸，称取适量液体硅橡胶。
(3) 将原版固定在压模框上。
(4) 将 A、B 胶混合均匀，抽真空，注入压模框中，静置硫化。
(5) 割开胶模，并测试胶模的注蜡质量。

2. 小组讨论

(1) 已经混胶后的剩余硅橡胶能否存放起来下次再使用？
(2) 如果注胶后对压模框抽真空时发现原版脱落，该如何处理？

▶▶ 任务 2.5　薄壁大光面吊坠蜡版合金模的制作 ◀◀

2.5.1　背景知识

1. 薄壁大光面首饰

在首饰产品中，薄壁大光面首饰是经常会遇到的一类产品。对于这类产品，要实现批量化生产，同样需要制作模型。然而无论是高温硫化硅橡胶模，还是室温硫化硅橡胶模都不适用来制作该类首饰模型，主要原因有以下两点。

(1) 硅橡胶模是柔性模具，在使用时会有一定程度的弯曲变形，对于小尺寸的首饰而言，细微的变形并不会带来明显的视觉效果，而对于大光面首饰而言，因为光面尺寸大，变形量就会被积累放大，与原版形成明显的偏差，无法满足生产要求。

(2) 薄壁大光面首饰，因为光面大而且薄，在注蜡的环节中，蜡液容易过早冷凝而不能充满型腔,造成蜡版残缺。为此,通常采用增加注蜡压力的方式来提高注蜡充型的速度。但胶模内的大尺寸平面空腔在受到高压力作用时边缘很难密封,注入的蜡容易沿边缘渗出,形成披锋。

基于以上原因,柔性模具无法适应该类首饰的生产质量要求。此时刚性模具正好能够解决以上两个问题,在制作该类首饰模型时就具有了较大的优势,具体如下。

(1) 刚性模具制作完成后,模具不易变形,只要蜡液能够充满型腔,就能够得到合格的蜡版。

(2) 刚性模具经受气压的能力更强,若为保障蜡液充型而增加注蜡压力,此种模具能够均匀地分散压力,从而避免在局部产生披锋。

目前可用于制作首饰刚性模具的材料主要包括铝合金和低温合金等金属材料,它们弥补了传统胶模注蜡技术的弊端,例如易变形、质量不稳定、厚薄不一样、易缩水、光亮度不足、容易出现披锋夹层及钉爪不全等问题。

2. 铝合金

生产中广泛使用铝合金制作模具或模具主要结构,这与铝合金模具的优势有关,具体如下。

(1) 铝合金的密度通常为 2.63~2.85g/cm³,制作模具后质量较轻,对于操作人员而言使用方便,劳动强度较低。

(2) 加工后的铝合金表面平整光滑,尺寸精度有保障,能保证生产的蜡模质量。

(3) 铝合金抗腐蚀性能优越,在使用环境中不容易受到环境影响而发生氧化、腐蚀,保证模具的质量稳定。

(4) 铝合金塑性较好,受力均匀,在制作蜡模时能够均匀地分散注蜡压力。

(5) 铝合金导热性好,注入蜡液后能够帮助蜡液快速冷凝,得到的蜡版性能较好。

铝合金模具通过结构设计,可以实现全铝合金分块组装,也可以使用铝合金外壳加芯部结构。其中,芯部结构既可以使用低温合金,也可以使用硅橡胶。含硅橡胶芯部结构的铝合金模具(图 2-39),充分地利用了硅橡胶良好的复形性能,又较好地保证了模具的刚性。

图 2-39　含硅橡胶芯部结构的铝合金模具

3. 低温合金

低温合金,又称低熔合金、易熔合金,是主要由铅、镉、锌、锡、铋等金属元素组成的二元或多元合金,其特点是色泽呈青灰、银白等冷色调,熔点低,熔炼铸造简便,合金质地软,易雕刻。采用低温合金制作的首饰金属模具有注蜡快、角位清晰、表面光滑、字印及图案清晰等多项优点。

出于健康的考虑,生产加工环节已经不再使用含铅、镉等有毒金属元素的合金,目前主要采用锡铋合金,它的熔点可以在较大范围内调整,可以方便地铸模成型,制模工艺简单,周期短,加工机时少。不过低温合金的硬度低、耐磨性差,影响使用寿命和使用效果,材料成本也较高。为此,在生产中多将其作为芯部结构材料,与铝合金外壳搭配。图 2-40 是一件摆件的刚性模具,它就是以铝合金作为外壳、锡铋合金作为芯部结构材料。

(a) 模具的铝合金外壳　　　　　　　　(b) 模具的锡铋合金芯部结构

图 2-40　摆件的刚性模具

2.5.2　任务单

薄壁大光面吊坠蜡版合金模的制作任务单如表 2-10 所示。

表 2-10　项目任务单

学习项目 2	模型制作		
学习任务 5	薄壁大光面戒指蜡版合金模的制作	学时	1
任务描述	根据薄壁大光面首饰的尺寸与结构,设计加工出铝合金模具		
任务目标	①会分析原版结构并确定模型的分型线 ②会根据原版特点判定是否适合使用铝合金 ③会制作原版原型		
对学生的要求	①熟悉铝合金的用途 ②能够完成铝合金模的制作 ③按要求穿戴好劳动防护用品,注意安全操作 ④实训完毕后对工作场所进行清理,保持场地卫生		

表 2-10（续）

明确实施计划	实施步骤	使用工具/材料
	分析原版结构	原版设计图或实物样件
	开模料	铝合金块
	加工模具	数控加工设备、铝合金块、黄铜块
	注蜡试模	蜡、射蜡机
	后处理	砂纸、油性笔
实施方式	3～5人为一小组，针对实施计划进行讨论，制定具体实施方案	
课前思考	①合金模具有怎样的特点？ ②合金模具可以选用哪些材料？	
班级		组长
教师签字		日期

2.5.3 任务实施

本任务采用合金模具完成薄壁大光面吊坠的模型制作。

1. 分析原版结构

如图 2-41 所示，薄壁大光面吊坠原版是不规则圆形平面结构，正面有图案，背面为图案的凹纹。

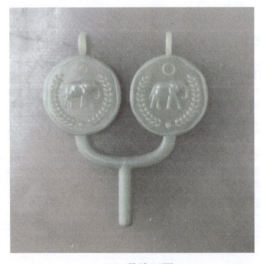

（a）吊坠正面

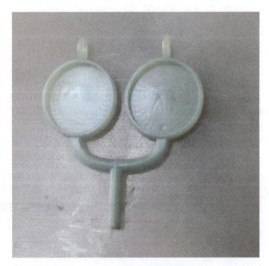

（b）吊坠背面

图 2-41 薄壁大光面吊坠原版

2. 开模料

根据吊坠的大小,开出合适尺寸的铝合金块两块,如图 2-42 所示,用于上、下模。

图 2-42 用于制作模具的铝合金块

3. 加工模具

根据原版实物所对应的加工图纸,编写加工数据,并根据原版的实际情况,编制原版正面和反面的加工数据。需要注意,模具上的图案信息与原版图案是凹凸相对应的。根据吊坠的结构,预设附件模块位置,如图 2-43 所示。

图 2-43 加工完成的吊坠模具

4. 注蜡试模

使用射蜡机,将压力调节到 6 个大气压,向模具注入蜡液,如图 2-44 所示。观察蜡模的成型质量,若无异常,则模具制作完成。

图 2-44　注蜡试模

5. 后处理

观察模具上是否存在瑕疵,若有,则即时修整。对于需要打磨的位置,使用砂纸打磨光滑。然后,使用油性笔在外壳上写上模具相关信息,方便后续辨认。

2.5.4　任务评价

如表 2-11 所示,学生根据自身完成任务及课堂表现情况进行自评,之后教师进行评价打分。

表 2-11　任务评价单

评价标准	分值	学生自评	教师评分
合金模完整度	10		
合金模完成质量	40		
分工协作情况	10		
安全操作情况	10		
场地卫生	10		
回答问题的准确性	20		

2.5.5 课后拓展

1. 大光面戒指的铝合金模制作

（1）分析大光面戒指的结构。
（2）根据戒指的尺寸切割相应的铝合金模料。
（3）获取戒指加工数据并加载到数控加工设备中。
（4）完成模具加工后，注蜡试模。

2. 小组讨论

（1）当合金模的上、下模无法分开时该如何处理？
（2）若芯部结构使用锡铋合金或硅橡胶材料，该如何制作？

项目 3　蜡模制作

📖 项目导读

在首饰熔模(失蜡)铸造过程中,蜡模质量直接影响首饰铸件的质量。为了获得优质蜡模,蜡模料应该具备熔点适中、收缩率小、有一定的强度和韧性、残留灰分少等良好性能。蜡模制作的工艺方法有真空注蜡、自动注蜡、全自动生产线注蜡和金属模注蜡等。评价一件蜡模的质量优劣,一般从形状尺寸、外观质量、内在质量和力学性能 4 个方面进行。把牢蜡模质量关,严禁用不合格的蜡模来种蜡树,可以减少不必要的生产加工费用和贵金属损耗。影响蜡模质量的主要因素有胶模质量、蜡料质量、蜡液温度、注蜡气压、夹模和取模手法等。

本项目通过 5 个典型任务及课后拓展练习,使学生掌握真空注蜡、自动注蜡、全自动生产线注蜡、金属模注蜡、蜡模修整的基本原理及操作技能。

📖 学习目标

- 掌握首饰蜡模的质量要求
- 了解常用首饰蜡料的品牌和特点
- 了解注蜡工艺方法的类别及特点
- 了解注蜡机参数设置原理
- 掌握评价蜡模质量的方法及常见蜡模缺陷

📖 职业能力要求

- 掌握真空注蜡工艺过程及基本操作技能
- 掌握自动注蜡工艺过程及基本操作技能
- 掌握全自动生产线注蜡工艺流程及基本操作技能
- 掌握金属模注蜡工艺过程及基本操作技能
- 掌握蜡模修整工艺要求及操作技能

▶▶ 任务 3.1　真空注蜡 ◀◀

3.1.1　背景知识

1. 首饰熔模铸造用蜡

在首饰铸造过程中,蜡模的质量直接影响首饰坯件的质量。为了获得良好的首饰蜡模,蜡模料应具备如下的性能。

(1) 蜡模料的熔点应适中,有一定的熔化温度区间,熔化后具有适当的流动性,不易软化变形,容易焊接。

(2) 为保证首饰蜡模的尺寸精度,蜡模料的收缩率要小,一般应小于1%。

(3) 蜡模料在常温下应有足够的表面硬度,以保证在熔模铸造的其他工序中不发生表面磨损。

(4) 为使蜡模从橡胶模中取出时弯折而不断裂,且取出后能自动恢复原形,蜡模料应具有较好的强度、柔韧性和弹性,弯曲强度应大于8MPa。

(5) 加热时成分变化少,燃烧时残留灰分少。

蜡模料的基本组分有蜡、油脂、天然树脂、合成树脂及其他添加物等。其中,蜡质为基体,少量油脂为润滑剂,各种树脂的加入可使蜡模韧化而富有弹性,同时提高其表面光泽度。在石蜡中加入树脂可使石蜡晶体生长受阻,因而细化了晶粒,提高了强度。

目前,市场上比较流行的首饰用蜡有珠粒、片状、管状、线状、块状等多种形状,用于制作蜡模的蜡料以珠粒、片状最常见,颜色有蓝色、绿色、红色等类别,如图3-1和图3-2所示。蜡的熔化温度在60℃左右,注蜡温度为70~75℃。在选择中心浇道用蜡与蜡模用蜡时,应尽可能有所区别。中心浇道用蜡的熔点应比蜡模用蜡的熔点低一些,避免脱蜡时蜡液在铸型内产生膨胀而导致裂纹。

图3-1 不同颜色的蜡珠

图3-2 不同颜色的蜡片

2. 制作蜡模的主要设备和工具

制作蜡模的主要设备和工具包括真空注蜡机(俗称唧蜡机,图3-3)、空气压缩机、真空泵、气枪、胶模、胶模夹板、脱模剂、手术刀、酒精灯等。

胶模通常由两个或多个部分组成,以便将蜡模取出。不同胶模部分的结合面就是分模面。一般情况下,若蜡件平面较多、结构简单,则注蜡压力应控制在50~80kPa之间;若蜡件壁较薄、镶石位多且空隙位窄小,则注蜡压力应控制在100~150kPa之间。大件

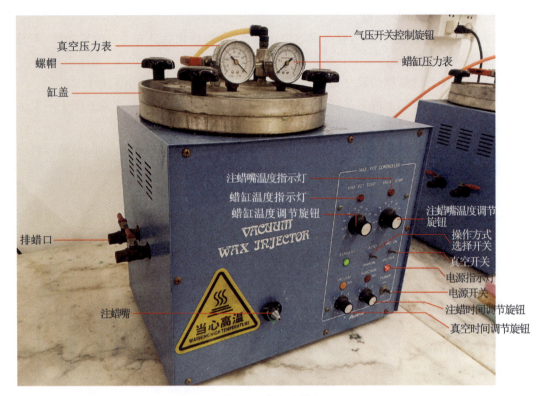

图 3-3 真空注蜡机

蜡件(如手镯等)的注蜡时间约 4s,小件蜡件 2s,如表 3-1 所示。注蜡时,应依据所注首饰胶模内蜡件的复杂程度选择不同的压力和温度。当首饰蜡模的结构简单时,应适当降低注蜡温度和注蜡压力。当首饰蜡模的结构纤细、复杂时,应相应调高注蜡温度和注蜡压力。注蜡之前,首先应该打开胶模,检查胶模的完好性和清洁度。

表 3-1 不同结构蜡件的注蜡参数

蜡件结构	温度/℃	注蜡时间/s	注蜡压力/kPa
平面较多、结构简单	70～73	2	50～80
壁薄、镶石位多且空隙位窄小	73～75	2	100～150
手镯	73～75	4	60～100

3. 注蜡

注蜡是通过注蜡机加温加压将熔化后的蜡注入胶模中,现在通常采用的设备是真空注蜡机。其工作原理是,在注蜡前通过抽真空将胶模内的气体排出,利用气压将熔融状态的蜡注入胶模。真空注蜡的优点是充填性较好,比较细薄的蜡模也能注出,且蜡模较少出现气泡。

放入蜡缸的蜡料必须保持清洁。若蜡中含有灰尘或外表有杂质微粒,容易堵塞阀门,导致注蜡嘴中连续漏蜡。因此,如果怀疑蜡中有外来杂物,或使用的是重复利用的蜡料,则必须将其加热到适当温度,待其熔化后,再用数层纱布过滤后方可使用。注蜡机中的加热器和温控器能够使蜡液达到并保持一定的温度。通常注蜡机的温度应保持在70~75℃之间,这样的温度能够保证蜡液有足够的流动性。如果温度过低,蜡液不易注满模腔,造成蜡模的残缺;反之,蜡液温度过高,又会导致蜡液从胶模缝隙处溢出或从注蜡口溢出,容易形成飞边或烫伤手指。

4. 戒指蜡模的手寸

"手寸"是珠宝首饰行业的专业用语,指戒指尺寸的大小,以戒指的内圈直径和内圈周长为依据,划分为不同的手寸号。它是一个没有量纲的数,不能直接等同于具体的尺寸。不同国家采用的手寸编号体系有所区别(表 3-2),常用的有港度、美度、日度等,它们对应的直径和周长各不相同。目前中国在戒指手寸上多采用港度,不同港度号对应的戒指内圈周长和直径如表 3-3 所示。

表 3-2 不同国家的戒指手寸号对照表

中国	美国	英国	日本	德国	法国	瑞士
9	5	J1/2	9	15.75	49	9
12	6	L1/2	12	16.5	51.5	11.5
14	7	O	14	17.25	54	14
16	8	Q	16	18	56.5	16.5
18	9	S	18	19	59	19
20	10	T1/2	20	20	61.5	21.5
23	11	V1/2	23	20.75	64	24
25	12	T	25	21.25	66.5	27.5

表 3-3 中国港度号尺寸对照表

戒指适用类型	港度号	戒指内圈周长/mm	戒指内圈直径/mm	戒指适用类型	港度号	戒指内圈周长/mm	戒指内圈直径/mm
女士小号	7	47	14.90	男士均号	17	57	18.15
	8	48	15.25		18	58	18.40
	9	49	15.55		19	59	18.75
	10	50	15.58		20	60	19.05

表3-3（续）

戒指适用类型	港度号	戒指内圈周长/mm	戒指内圈直径/mm	戒指适用类型	港度号	戒指内圈周长/mm	戒指内圈直径/mm
女士均号	11	51	16.45	男士大号	21	61	19.30
女士均号	12	52	16.50	男士大号	22	62	19.70
女士均号	13	53	16.80	男士大号	23	63	20
女士均号	14	54	17.20	男士大号	24	64	20.30
女士大号	15	55	17.50		25	65	20.65
男士小号	16	56	17.75				

测量手寸分两个方面，一个是测量所佩戴戒指的手指部位的周长，以确定手寸号码。每个国家或地区所标手寸的方式和标准并不一致，允许的公差范围是±0.5mm。通用的手寸测量方法有如下3种。①直接佩戴戒指：通过试戴不同的戒指找到最适合自己手指的那一个，测量其内圈直径或内圈周长，比对戒指手寸对照表，以此确认手寸。②使用指环测量圈进行测量：指环测量圈是测量手寸的专业工具，可以通过试戴体验来确定手寸。③使用棉线或纸条缠绕手指，确定长度，再比对戒指手寸对照表来确定手寸。

另一个是测量戒指蜡模的手寸，可采用戒指尺进行测量。戒指尺呈锥形，上面有对应的手寸号，如图3-4所示。

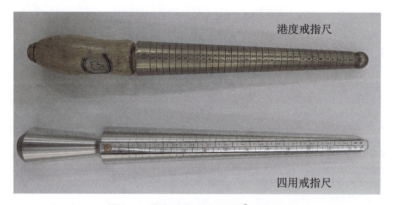

图3-4　港度戒指尺和四用[①]戒指尺

对于手寸不同的戒指，如果等到执模时再改指圈，既费工又费料。因此，首饰生产企业都是在修蜡模时直接改指圈，使用戒指尺、手术刀、焊蜡器等工具改指圈非常方便。将戒指蜡模套入戒指尺内测量，用手术刀将戒柄部位切开，移到所需的手寸号。需要将手寸改大时，将切开的戒指蜡模撑开；需要改小手寸时，用手术刀将多余的长度切掉。然后用焊蜡器将断口焊合，用手术刀进行修整。最后用蘸酒精的棉花擦掉蜡模上的蜡屑。

---

① 四用：指美度、日度、欧度、港度码四合一。

5. 蜡模的质量评价

蜡模制作是首饰铸造的关键环节,蜡模的质量对首饰产品有着重要影响。把牢蜡模质量关,严禁用不合格的蜡模种蜡树,可以减少不必要的生产加工费用和贵金属损耗。

评价一件蜡模的质量优劣,一般从以下 4 个方面进行。

(1) 形状尺寸。蜡模应很好地体现原版的形状,没有明显的变形,尺寸方面满足要求,不易软化变形,容易焊接。

(2) 外观质量。蜡模表面应光滑、细腻、洁净,没有明显的表面缩陷、裂纹、皱皮、鼓包、披锋等缺陷。

(3) 内在质量。蜡模应致密,内部没有明显的气泡,燃烧时残留灰分少。

(4) 力学性能。蜡模应有较好的强度、柔韧性和弹性,在常温下应有足够的表面硬度,以保证在失蜡铸造的其他工序中不发生表面磨损;从橡胶模中取出时蜡模应能弯折而不断裂,取出后又能自动恢复原形。种蜡树时蜡模与蜡芯焊接牢固,不易脱落。

3.1.2 任务单

采用真空注蜡机制作蜡模,任务单如表 3-4 所示。

表 3-4 项目任务单

学习项目 3	蜡模的制作		
学习任务 1	真空注蜡	学时	1
任务描述	采用真空注蜡机进行注蜡,然后取蜡模		
任务目标	①掌握真空注蜡机的基本结构与工作原理 ②会根据蜡模结构设置注蜡机相关参数 ③会从橡胶模中取出蜡模		
对学生的要求	①熟悉真空注蜡机的参数设置 ②会根据蜡件复杂程度设置气压、注蜡时间等工艺参数 ③严格按照注蜡安全操作规程操作,注意安全操作 ④实训完毕后对工作场所进行清理,保持场地卫生		
明确实施计划	实施步骤	使用工具/材料	
	准备蜡料	真空注蜡机、不锈钢铲、蜡珠	
	设置参数	真空注蜡机、空气压缩机、真空泵	
	注蜡	气枪、有机玻璃夹板、脱模剂、滑石粉	
	取蜡模	胶模、蜡模	
实施方式	3 人为一小组,针对实施计划进行讨论,制订具体实施方案		

表3-4（续）

课前思考	①对添加到蜡缸的蜡料有哪些要求？ ②如何设置注蜡工艺参数？ ③注蜡前为什么要抽真空？		
班级		组长	
教师签字		日期	

3.1.3 任务实施

本任务采用内部带镶嵌活块的戒指胶模和真空注蜡机制作蜡模，胶模内部结构如图3-5所示。

1. 准备蜡料

打开真空注蜡机开关，把蜡缸和注蜡嘴温度调到最大，再拧开注蜡机顶盖上4个黑色旋钮，往蜡缸内添加蜡珠，如图3-6所示，添加量应高于缸内最低容量线。待全部蜡珠熔化后，盖上顶盖，将4个旋钮对角拧紧。

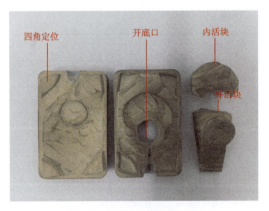

图3-5 戒指胶模内部结构

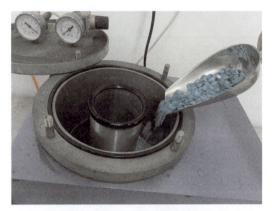

图3-6 准备蜡料

2. 设置参数

将蜡缸和注蜡嘴温度设置为73℃（保温10min），抽真空和注蜡时间分别设置为2s。然后启动空气压缩机和真空泵，将气压阀顺时针旋转，调至0.6kg/cm²（红色读数），打开真空阀，如图3-7所示。

3. 注蜡

注蜡之前，首先要打开胶模，检查胶模的完整度和清洁度，用气枪把残留在模腔内的

图 3-7　调节注蜡气压

蜡屑清理干净。向胶模中比较细小复杂的位置喷洒少量脱模剂（也可撒上少量滑石粉），以利于取出蜡模。然后用有机玻璃夹板将胶模上下夹紧，注意双手手指的分布应使胶模受压均匀，将胶模水线口对准注蜡嘴，沿水平方向用力顶住不动，如图 3-8 所示。用脚轻轻踩下注蜡机脚踏开关，随即松开，当注蜡机的指示灯由黄色跳到红色，再由红色跳到绿色时，表示注蜡过程已经结束（时间为 3～4s），此时可将胶模从注蜡嘴旁移开，按顺序放置在桌面上进行冷却。

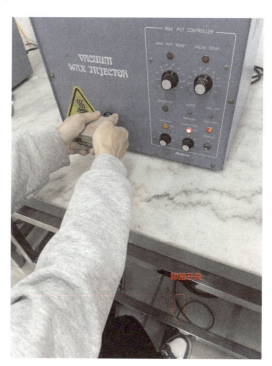

图 3-8　注蜡

4. 取蜡模

当连续注完 6~8 个胶模后,方可取出蜡模。取蜡模之前要先将外活块抽出,再取出内活块,轻轻弯曲胶模,让镶口、花头等细小部位松动,再轻轻取下蜡模,如图 3-9 所示。取模时要注意手法,避免用力过大导致蜡模断爪、变形。

图 3-9 取蜡模

3.1.4 任务评价

如表 3-5 所示,学生根据自身完成任务及课堂表现情况进行自评,之后教师进行评价打分。

表 3-5 任务评价单

评价标准	分值	学生自评	教师评分
参数设置及操作规范	10		
蜡模完成质量	40		
分工协作情况	10		
安全操作情况	10		
场地卫生	10		
回答问题的准确性	20		

3.1.5 课后拓展

1. 爪镶戒指蜡模的制作训练

(1) 根据胶模内部结构设置合适的注蜡参数。

(2) 打开真空泵,调节好气压进行注蜡。

(3) 待蜡模冷却凝固后,取出蜡模。

2. 小组讨论

(1) 如何设置注蜡参数?
(2) 测量手寸的方法有哪些?
(3) 取蜡模的注意事项有哪些?

任务 3.2 自动注蜡

3.2.1 背景知识

1. 自动真空加压注蜡机

在注蜡生产中,通常由操作员手工设定参数,手持胶模完成注蜡,这种操作方式自动化程度低、效率低,不能实现生产自动化。自动注蜡机是在传统注蜡机的基础上开发的,比起传统注蜡机,自动注蜡机配备了机械手夹具、触摸显示屏,以及 RFID(radio frequency identification,射频识别)感应装置,在操作面板上设置 RF 刷卡区,在胶模上设置 ID 卡,每个胶模的注蜡数据存储在注蜡机芯片内。注蜡时只需将胶模的 ID 卡放在 RF 刷卡区,就可以自动读取数据,并将注蜡参数直接显示在触摸屏上,不需要每次手动输入或者选择参数,也不需要在胶模上做记录,准确直观,如图 3-10 所示。操作员不需要手持夹具,机器可自动对准注蜡嘴,这样生产的蜡模质量稳定性更好,生产效率更高。

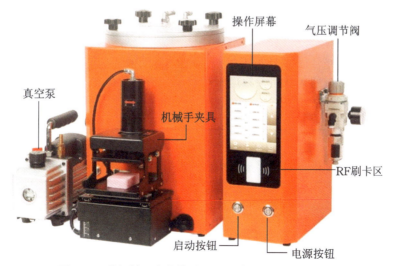

图 3-10 带机械手夹具并采用程序控制的自动注蜡机

人工夹持胶模注蜡时，不同的人或同一个人在不同的状态下，夹持力都会有所区别。如果胶模夹持力不够，或者注蜡压力过大，胶模腔会产生鼓胀，导致分型处出现披锋。要保持蜡件质量的稳定性，可以采用机械手夹具夹持胶模进行注蜡。这种装置借助机械动力进行抓取操作，如图 3-11 所示，不需要人工双手将夹板中的胶模夹紧，保证压力一致、胶模受压均匀。

图 3-11　机械手夹具

2. 二次注蜡的作用原理

二次注蜡的目的是减少蜡模收缩类缺陷。一般情况下，二次注蜡压力要大于一次注蜡压力，这样蜡液可以在还没有完全凝固的情况下对蜡模进行补缩。第二次注蜡时间、压模压力、压模保持时间等注蜡参数应根据胶模结构进行设置，如表 3-6 所示。

表 3-6　注蜡参数的设置

参数	设置要求
蜡缸温度/℃	用于熔化蜡料，比蜡的熔点高 5~8℃
注蜡嘴温度/℃	保证蜡液出缸顺畅，一般要比蜡缸温度高 2~3℃
外部供气气压/kPa	固定值，一般为 400kPa，不用调节
抽真空时间/s	抽走胶模腔内的空气，根据胶模结构调节，如 2~4s
第一次注蜡压力/kPa	与出蜡流量成线性关系，0~200kPa

表3-6（续）

参数	设置要求
第一次注蜡时间/s	根据蜡件所需蜡量调节，如2~4s
第二次注蜡压力/kPa	一般应大于第一次注蜡压力
第二次注蜡时间/s	根据实际情况调节，如2~4s，注意蜡凝固时间
压模压力/kPa	压力越大，气密性越好，胶模容易变形；反之，压力越小，气密性越差，蜡模容易产生披锋。压模压力设置范围为30~235kPa
进模、推模压力/kPa	一般要比压模压力小
压模保持时间/s	注蜡完成后，机械手压模保持时间为2~4s

3.2.2 任务单

采用自动注蜡机制作蜡模，任务单如表3-7所示。

表3-7 项目任务单

学习项目3	蜡模的制作		
学习任务2	自动注蜡	学时	1
任务描述	采用自动注蜡机进行注蜡		
任务目标	①会安装机械手夹具和使用自动注蜡机 ②会根据胶模款式设置注蜡机相关参数 ③会根据胶模结构大小选择自动感应程序 ④会根据胶模厚度调整机械手夹具的高度		
对学生的要求	①熟悉自动注蜡机外部结构和参数设置 ②会根据胶模内模腔复杂程度设置注蜡压力、注蜡时间、注蜡速度等工艺参数 ③严格按照自动注蜡机安全操作规程操作，注意安全操作 ④实训完毕后对工作场所进行清理，保持场地卫生		
明确实施计划	实施步骤	使用工具/材料	
	设置系统参数	自动注蜡机、空气压缩机、真空泵	
	设置程序参数	自动注蜡机	
	添加蜡料	自动注蜡机、蜡珠	
	RF参数写入	自动注蜡机	
	调节机械手夹具的高度	自动注蜡机、机械手夹具、胶模	
	注蜡	自动注蜡机、胶模	
	取蜡模	胶模、蜡模	

表3-7（续）

实施方式	3人为一小组，针对实施计划进行讨论，制订具体实施方案	
课前思考	①如何根据胶模厚度调整机械手夹具的高度？ ②如何根据胶模内部结构设置自动注蜡程序？ ③相比传统注蜡机，利用自动注蜡机制作蜡模有什么优势？	
班级		组长	
教师签字		日期	

3.2.3 任务实施

本任务为采用花丝镂空胶模和自动注蜡机制作蜡模。

1. 设置系统参数

先启动空气压缩机和真空泵，再打开注蜡机开关，在液晶屏设置界面进行系统参数设置——压模启动时间为1.0s，推模启动时间为1.0s，注蜡启动时间为0.5s，如图3-12所示。

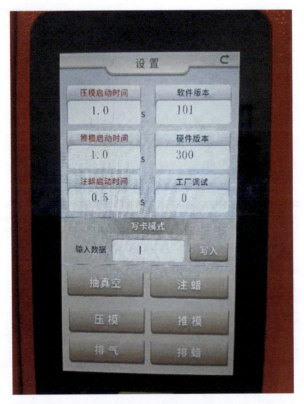

图3-12 系统参数设置

2. 设置程序参数

根据胶模内部结构进行程序参数设置：注蜡嘴温度为78℃，蜡缸温度为75℃，抽真空时间为2.0s，注蜡时间为2.0s，压模压力为150kPa，推模压力为120kPa，一次注蜡压力为75kPa，二次注蜡压力为80kPa，如图3-13所示。

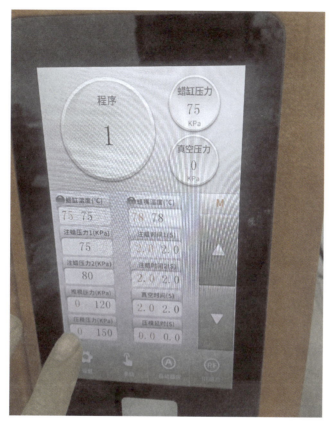

图 3-13　程序参数设置

3. 添加蜡料

先对角拧开注蜡机顶盖上的4个黑色旋钮，往蜡缸内添加蜡珠，如图3-14所示，添加量应高于缸内最低容量线。待全部蜡珠熔化后，盖上顶盖并将4个旋钮对角拧紧。

4. RF 参数写入

在触屏区输入数据（对应的蜡模程序参数）后点击"写入"按钮，写入成功时，系统会发出提示音。

图 3-14　添加蜡料

5. 调节机械手夹具的高度

机械手夹具右侧下方有一个拨动转盘。逆时针拨动转盘，机械手上升；顺时针拨动转盘，机械手下降。观察注蜡嘴与胶模口是否对齐，若未对齐，可通过拨动转盘调节胶模高度，如图3-15所示。

图3-15 手动调节机械手夹具高度

6. 注蜡

注蜡之前，首先要打开胶模，检查胶模的完整度和清洁度，把残留在模腔中的蜡屑清理干净。调整好机械手夹具高度，选择自动感应注蜡模式，将胶模ID卡贴在RF刷卡区，调取预存的注蜡参数，如图3-16所示。然后将胶模放入机械手的夹具内，如图3-17所示。

图3-16 RF刷卡读取注蜡参数

图3-17 将胶模放入机械手夹具内

7. 取蜡模

取蜡模之前要先打开胶模，轻轻弯曲胶模，让镶口、花头等细小部位松动，再轻轻取下蜡模,如图 3-18 所示。取模时要注意手法,避免用力过大导致蜡模断爪、变形,蜡模取出后要仔细检查。

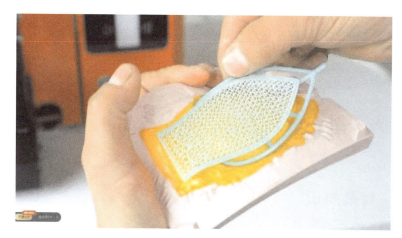

图 3-18　取蜡模

3.2.4　任务评价

如表 3-8 所示,学生根据自身完成任务及课堂表现情况进行自评,之后教师进行评价打分。

表 3-8　任务评价单

评价标准	分值	学生自评	教师评分
参数设置及操作规范	20		
蜡模完成质量	30		
分工协作情况	10		
安全操作情况	10		
场地卫生	10		
回答问题准确性	20		

3.2.5　课后拓展

1. 手镯蜡模的制作训练

(1) 根据胶模内部结构设置合适的注蜡压力和注蜡时间。

(2) 设置自动感应注蜡参数,开启写入功能,将此数据写入芯片内,再将芯片贴在胶模上。

(3) 根据胶模大小调整机械手夹具至合适高度。

(4) 注蜡。

(5) 取蜡模。

2. 小组讨论

(1) 自动注蜡机的优势有哪些？
(2) 二次注蜡的作用原理是什么？
(3) 机械手夹持与手工夹持相比有什么优点？

▶▶任务 3.3　全自动生产线注蜡◀◀

3.3.1　背景知识

随着我国进入工业 4.0 时代，越来越多的自动化设备相继出现，全自动注蜡生产线就是其中之一，它一般由一台或多台智能数显注蜡机、智能控制机械手夹具、工作台、传送带及制冷系统组成，如图 3-19 所示。

图 3-19　全自动注蜡生产线

全自动注蜡生产线可以实现对胶模的输送、推进、夹持、位置自动调整及冷却等一系列自动化加工工序，运用红外线扫描条码识别记忆系统，使夹具智能升降，适应厚薄不同的胶模。控制系统智能获取每个蜡模的条形码，并自动调用注蜡参数，根据产品形状大小可直接通过触摸显示屏输入、修改各项参数，并能随意转换手动、半自动、联动、自动、单调等功能。传送带配置了启动保护耐磨装置，在运行过程中，若无胶模工作，传送带会自动进入缓慢运行状态；放置胶模后，传送带进入正常运行状态。当上一个胶模进入夹具注蜡时，下一个胶模已在注蜡区正前方传送带上等待推进。注蜡完毕后，蜡模立即接受强制冷却，当蜡模被输送到工作台时即可开模。全自动注蜡生产线结构紧凑，占地空间小,生产效率和智能化水平高。

3.3.2 任务单

采用全自动注蜡生产线制作蜡模,任务单如表 3-9 所示。

表 3-9 项目任务单

学习项目 3	蜡模的制作		
学习任务 3	全自动生产线注蜡	学时	1
任务描述	利用全自动生产线注蜡设备进行注蜡		
任务目标	①掌握全自动生产线注蜡的基本原理 ②掌握全自动生产线注蜡设备的使用操作要求 ③会根据胶模厚度设置好注蜡相关参数 ④会根据取蜡模的速度调整传送带速度		
对学生的要求	①熟悉全自动生产线注蜡设备的外部结构和参数设置 ②会通过触摸屏设置或调用相关参数,生成条形码 ③严格按照全自动生产线注蜡设备安全操作规程操作 ④实训完毕后对工作场所进行清理,保持场地卫生		
明确实施计划	实施步骤	使用工具/材料	
	通过触摸屏设置注蜡相关参数	全自动生产线注蜡机	
	将贴好条形码的蜡模放到胶模传送带上	胶模	
	启动自动程序注蜡	全自动生产线注蜡机	
	取蜡模	胶模、脱模剂	
实施方式	3 人为一小组,针对实施计划进行讨论,制订具体实施方案		
课前思考	①全自动注蜡生产线由哪些部分组成? ②如何根据胶模内部结构设置自动注蜡程序? ③利用全自动注蜡生产线制作蜡模有什么优势?		
班级		组长	
教师签字		日期	

3.3.3 任务实施

本任务采用全自动注蜡生产线和 10 个带开底的不同款式胶模来制作蜡模。

1. 通过触摸屏设置注蜡相关参数

打开电源,调节机械手夹具高度,检查传送带、制冷系统是否正常,通过触摸屏设置注蜡相关参数,如图 3-20 所示。

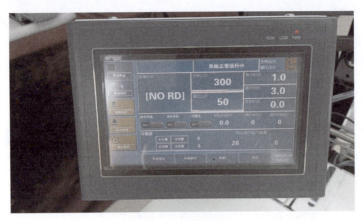

图 3-20　设置参数

2. 将贴好条形码的胶模放到传送带上

将 10 个不同款式的胶模贴上相应条形码,然后按一定距离放到传送带上,如图 3-21 所示。

3. 启动自动程序注蜡

启动自动模式,具体注蜡过程如下。

(1) 扫描器会自动扫描胶模上的条形码,获取胶模对应的注蜡参数,如图 3-22 所示。

图 3-21　把胶模放在胶模传送带上

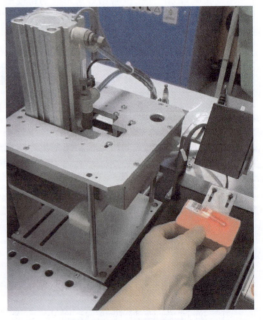

图 3-22　扫描条形码

（2）自动将胶模送入夹具，机械手上的推模气缸会把胶模推到居中夹具上，使胶模居中，如图 3-23 所示。

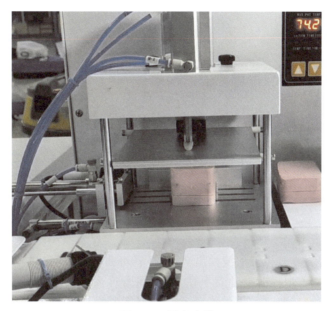

图 3-23　居中夹模

（3）根据条形码参数自动调整注蜡参数。

（4）开始注蜡，注蜡夹具上的下压气缸把模压住，推送气缸把模推到注蜡位置，抽真空结束后开始注蜡，如图 3-24 所示。

图 3-24　注蜡

（5）注蜡完毕后推进气缸自动退回，下压气缸退回，夹具松开，夹具上的气缸把胶模推到下模装置上,下模装置下降,胶模自动退出传送带并对蜡模强制冷却,如图 3-25、图 3-26 所示。

图 3-25　胶模自动退出传送带

图 3-26　胶模冷却

4．取蜡模

取蜡模之前应先将胶模开底或抽出活块,轻轻弯曲胶模,让镶口、花头等细小部位松动,再轻轻取下蜡模。取模时要注意手法,避免用力过大导致蜡模断爪、变形,蜡模取出后要仔细检查。取模后要将抽出的活块和开底塞回胶模原来的位置,注意对位要准确,不能偏移。然后把两半胶模四角定位合在一起,放回传送带上准备下次注蜡。

3.3.4　任务评价

如表 3-10 所示,学生根据自身完成任务及课堂表现情况进行自评,之后教师进行评价打分。

表 3-10　任务评价单

评价标准	分值	学生自评	教师评分
注蜡操作规范程度	30		
蜡模完成质量	20		
分工协作情况	10		
安全操作情况	10		
场地卫生	10		
回答问题准确性	20		

3.3.5　课后拓展

1．带细小花头的微镶蜡模制作训练

(1) 根据胶模内部结构设置自动感应注蜡参数。

(2) 开启写入功能,将相关数据写入芯片,然后打印出条形码,并将其贴在胶模上。

(3) 训练完毕后按实际生产操作要求进行关机。

2. 小组讨论

(1) 利用全自动生产线进行注蜡有哪些优势?

(2) 全自动生产线注蜡系统由哪些部分组成?

(3) 如何设置全自动生产线注蜡机的注蜡速度?

▶▶ 任务 3.4　金属模注蜡 ◀◀

3.4.1　背景知识

1. 橡胶模的优势和不足

首饰胶模所用材料有天然橡胶、高温硫化硅橡胶、室温硫化硅橡胶等,每种胶都有不同的性能。硅橡胶制作容易,表面复制性好,质地柔软,韧性十足,适合用于外形较为复杂、轮廓尺寸细小、凸凹明显的首饰银版压模,制成的蜡模容易取出,可减少或免去执模过程,提高生产效率,减少损耗,降低生产成本。但因为橡胶模硬度低、抗变形承受力较差,所以无法满足薄壁件的生产要求,同时在批量产品的质量一致性、蜡模致密度、蜡件尺寸精度和表面光洁度等方面难以保证。为此,对于结构简单的蜡件,可以采用金属模注蜡。

2. 金属模注蜡的特点

金属模的刚度非常高,可以在高注射压力下注蜡和保压凝固,制得的蜡模表面光滑、字印及图案清晰、质量可控,模具使用寿命长,但取模难度大,需要制作多个活块,这增加了蜡模表面出现披锋的概率。为了保证蜡模的完美,有时会在金属模里面加硅橡胶内衬,这种组合形式保证了模具分件不复杂,简单易拆模,减少了合模线。

3. 金属模注蜡机

由于首饰件区别于工业熔模铸件,一般比较纤细,因此使用的金属模注蜡机也是专门针对首饰件的结构特点来设计的,可根据金属模具大小,设计不同型号的机型。金属模注蜡机,其结构由操作面板、气压表、调压阀、进气管接口、气缸、锁紧螺母、注蜡杆、料斗、注蜡桶等组成,如图 3-27 所示。

金属模注蜡机通过温控仪、时间控制仪、注蜡按钮控制气缸枪伸缩并打气、给注蜡桶加热。使用时,把模具装在金属模夹上,让注蜡嘴对准模具的进蜡口,通过调压阀调节好气缸的气压,向料斗投放适当的蜡料,打开温度控制开关和时间控制开关,设置好注蜡桶的温度和注蜡时间,按注蜡按钮,注蜡杆自动向注蜡桶打气加压,使注蜡桶下的注蜡嘴向模具的进蜡口注蜡,完成注蜡工作。

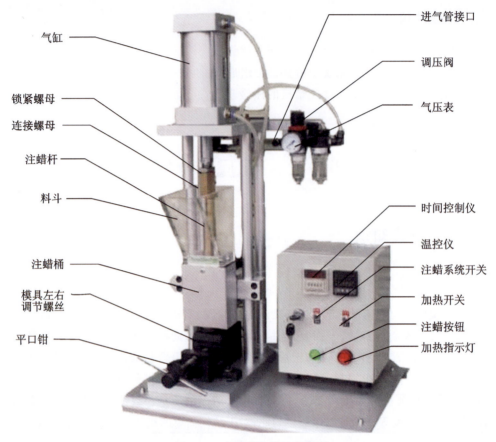

图 3-27　金属模注蜡机结构图

4. 首饰金属模具

首饰金属模具按材质分通常有铝合金模、铝合金内嵌低温合金模、水溶蜡镂空首饰钢模、铝合金内衬硅橡胶首饰模等类别。根据设计图纸,通过 CNC(computer numerical control,计算机数字控制机床)精雕机对模具进行加工,一般加工为阴模和阳模两面,四角留有定位销方便合模和分模。

1) 铝合金模

此种模具以铝合金为材料,通过 CNC 加工出注蜡模腔、注蜡通道、定位销、定位孔等,如图 3-28 所示。

2) 铝合金内嵌低温合金模

此种模具采用铝合金制作模具外框,采用低温合金制作成型模块,将模块嵌入铝合金模框中,如图 3-29 所示。

图 3-28 铝合金模

（a）铝合金阳模　　　　　　（b）低温合金模　　　　　　（c）铝合金阴模

图 3-29 铝合金内嵌低温合金模

3）水溶蜡镂空首饰钢模

有些首饰配件产品带有需要立体镂空的细小镶嵌、花纹网状结构，制作蜡模时若采用传统的钢模进行分块拼接后再焊接固定，则蜡模不可避免地会存在拼接线、焊点、定位止口等原始痕迹，直接影响首饰的造型效果，且蜡模易变形，配件品质难以保障。而采用水溶蜡镂空首饰钢模，可以在注蜡之前在镂空部位预埋水溶蜡芯，注蜡后蜡模完全包裹水溶蜡芯（图 3-30、图 3-31），把蜡模放到加酸的水溶液中进行浸泡，待水溶蜡芯全部溶解后就可以得到一个完整的镂空蜡模。

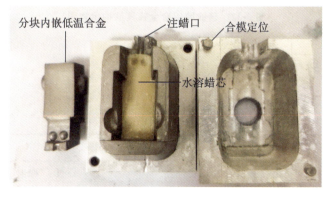

图 3-30 水溶蜡芯金属模

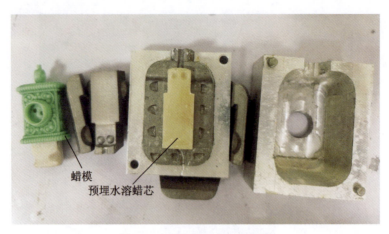

图 3-31 水溶蜡镂空首饰钢模

4）铝合金内衬硅橡胶首饰模

对于一些薄壁、易变形、需要整体取模的复杂蜡件，例如佛像、镂空首饰配件等，有时会在金属模里面加硅橡胶材质，整套模具分为铝上模、外硅橡胶层、蜡模、内硅橡胶层、铝芯、铝下模，如图 3-32 所示。这样保证了模具分件不复杂，简单易拆模，减少了合模线，同时由于用的硅橡胶比较特别，所制作的蜡模收缩会比硅橡胶模小。

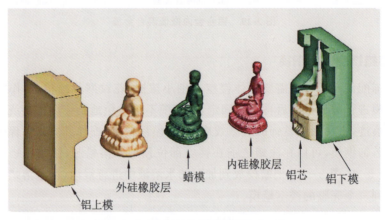

图 3-32 硅橡胶铝合金模具结构示意图

3.4.2 任务单

金属模注蜡任务单如表 3-11 所示。

表 3-11 项目任务单

学习项目 3	蜡模制作		
学习任务 4	金属模注蜡	学时	1

表3-11(续)

任务描述	采用金属模注蜡机和水溶蜡镂空首饰钢模制作蜡模	
任务目标	①掌握金属模注蜡的基本原理 ②掌握金属模注蜡机的操作要求 ③会根据金属模内部结构设置好注蜡相关参数 ④会安装和拆卸金属模进行取蜡	
对学生的要求	①熟悉金属模注蜡机的使用操作 ②会使用机械手夹具调整金属模模具位置,使其对准注蜡嘴 ③严格按照金属模注蜡设备安全操作规程操作 ④实训完毕后对工作场所进行清理,保持场地卫生	
明确实施计划	实施步骤	使用工具/材料
	准备工作	金属模注蜡机、不锈钢铲、蜡珠
	水溶蜡芯制作	金属模具、水溶蜡
	检查模具	金属模具、气枪、脱模剂
	预埋水溶蜡芯	金属模具、水溶蜡芯
	固定模具	金属模注蜡机、金属模具
	注蜡并取出蜡模	金属模注蜡机
	溶解水溶蜡芯	加酸的水溶液
实施方式	3人为一小组,针对实施计划进行讨论,制订具体实施方案	
课前思考	①金属模注蜡机由哪些部分组成? ②铝合金内衬硅橡胶首饰模的特点是什么? ③水溶蜡芯在首饰钢模中的作用是什么? ④利用金属模注蜡制作蜡模有什么优势?	
班级		组长
教师签字		日期

3.4.3 任务实施

本任务采用水溶蜡镂空首饰钢模和金属模注蜡机来制作蜡模。

1. 准备工作

(1) 先打开注蜡系统开关,将注蜡时间设置为6s(时间一般需要根据模具内部结构设置)。

操作方法:打开注蜡系统开关(此时注蜡杆会下压一次,注意不能有异物落在料斗里)。

(2)打开加热系统开关,将温度调整为75℃,放入蜡珠,预热30min,待蜡珠完全熔化后方可进行注蜡。

操作方法:先按SET键,PV数字显示闪烁时可调节温度。温控仪右边分别是温度设置数字按键和"加、减、左、右"按键。

(3)调压阀:用于注蜡时调节空气压力大小。

操作方法:轻轻拔起旋转盖,往左扭转可加大空气压力;往右扭转可减小空气压力,如图3-33所示。建议将空气压力调至0.4~0.6MPa。金属模具大小不同,需要的空气压力也不同。

2. 水溶蜡芯制作

传统水溶蜡芯采用尿素制作,存在一定的气味和腐蚀性。当前水溶蜡芯材料的主要成分为聚合物,不含尿素,材料环保,对生产作业人员的皮肤无腐蚀性,也没有任何气味。水溶蜡芯制作方法:将熔化的水溶蜡注射到模具中,待水溶蜡冷却凝固后,打开模具取出固态的水溶蜡芯,如图3-34所示。

图3-33 调节气压

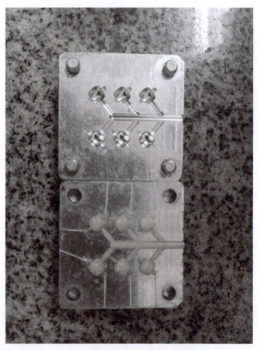

图3-34 制作水溶蜡芯

3. 检查模具

先打开金属模具,检查内部是否存在蜡屑或灰尘,用气枪吹干净后喷上脱模剂,如

图 3-35 所示。

4. 预埋水溶蜡芯

将水溶蜡芯放在金属模具内腔的卡位上（图 3-36），确定摆放到位后合上模具。

图 3-35 喷脱模剂

图 3-36 将水溶蜡芯预埋在金属模具上

5. 固定模具

将金属模具夹入平口钳口，松开注蜡高度调节螺丝，调节注蜡桶高度，使注蜡嘴距模具上缘 5～10mm，然后锁紧，接着松开平口钳固定螺丝，前后移动平口钳，使模具进蜡口对准注蜡嘴，如图 3-37 所示。

图 3-37 固定模具

6. 注蜡并取出蜡模

按注蜡开关按键，开始注蜡。待蜡模冷却凝固后，轻轻敲打模具两边使之松动，再取出蜡模，如图 3-38 所示。若蜡液未能正常注满模具，须根据蜡型充填情况，重新调整加热温度、注蜡时间及气压至合适参数。

7. 溶解水溶蜡芯

把蜡模放到加酸的水溶液中进行浸泡，以溶解水溶蜡芯（图 3-39）。待水溶蜡芯全部溶解后,对蜡模进行清洗。

图 3-38　取出蜡模

图 3-39　溶解水溶蜡芯

3.4.4　任务评价

如表 3-12 所示,学生根据自身完成任务及课堂表现情况进行自评,之后教师进行评价打分。

表 3-12　任务评价单

评价标准	分值	学生自评	教师评分
注蜡操作规范程度	30		
蜡模完成质量	20		
分工协作情况	10		
安全操作情况	10		
场地卫生	10		
回答问题准确性	20		

3.4.5　课后拓展

1. 利用铝合金内衬硅橡胶首饰模制作空心佛像蜡模

(1) 组装硅胶内衬和铝合金衬套。

(2) 根据胶模内部结构设置金属模注蜡机注蜡参数。

(3) 注蜡完成后,分块拆卸铝合金内衬硅橡胶首饰模,取出蜡模。

2. 小组讨论

（1）模具组装有何要求？

（2）在铝合金内衬硅橡胶首饰模中，硅橡胶的厚度如何控制？

▶▶任务 3.5 蜡模修整◀◀

3.5.1 背景知识

1. 蜡模的修整方法

一般而言，注蜡后取出的蜡模或多或少都会存在一些问题，如飞边、夹痕、断爪、肉眼可见的砂眼、部分或整体结构变形、小孔不通、花头线条不清晰、花头搭边、气泡等。对于飞边、夹痕、花头线条不清晰、花头搭边等缺陷可以用手术刀修边，再用砂纸修光，如图 3-40 所示。对于砂眼、断爪，可以用焊蜡器进行焊补，如图 3-41 所示。

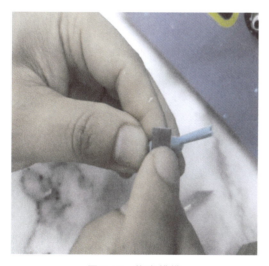

图 3-40 修光蜡模

图 3-41 焊补蜡模

2. 常见的首饰蜡模缺陷

1）产生披锋（图 3-42）

缺陷描述：蜡件上出现多余的蜡的薄片飞边或毛刺。如果不将其清除，将增加首饰铸造坯件的清理工作量，增大坯件开裂的可能性，增加贵金属损耗。导致蜡模产生披锋的原因可能有以下几个方面。

(1) 注蜡机气压偏高。首饰件比较纤细,需要借助压缩空气压力将蜡液注入模腔。蜡液注射的压力取决于气压,如果气压过高,就可能使胶模在分模面撑开,导致披锋。

(2) 蜡液温度过高。蜡液的流动性与其黏度密切相关,而黏度在较大程度上取决于温度。蜡液温度越高,黏度越低,流动性越好,蜡液越容易深入胶模刀痕内形成披锋。

图 3-42 披锋

(3) 胶模两侧的夹持力太小。胶模均由两半或多部分模块组成,注蜡时将它们组合到一起,并用夹板夹紧上、下两面形成密闭型腔。如果夹持力不够,蜡液在外界气压作用下容易将胶模撑开而形成披锋。

(4) 胶模没割好,胶模变形或胶模弹性大。当胶模各部分闭合不紧密时,会产生披锋。

为此,应采取相应的解决措施。

(1) 调低注蜡机气压。一般对于平面较多、形状简单的蜡样,采用 50~80kPa 气压;对于壁较薄、镶石位多且空隙位窄小的蜡样,采用 100~150kPa 气压。

(2) 适当降低蜡液温度。对于常见的工件,将蜡液的温度控制在 70~75℃ 之间能够保证其流动性。

(3) 增加胶模两侧的夹持力。操作时注意手法,要用双手将夹板中的胶模夹紧,注意手指的分布应使胶模受压均匀,注蜡过程要保持胶模夹紧,不能松动。

(4) 检测胶模的割模质量及变形状况。采用优质橡胶压制胶模,它们的抗老化性能好,能长时间保持良好的柔软度和弹性。压模时合理调整压模工艺参数,不要设置过高的压模压力、压模温度和过长的硫化时间。

2) 蜡模件残缺类缺陷(图 3-43)

缺陷描述:蜡模的某些部位没有完全成型,或出现冷隔线、流痕、夹层等。导致蜡模残缺类缺陷的可能原因有以下 6 个方面。

(1) 注蜡机气压偏低。由于缺乏足够的外界推动力,蜡液流动受阻,充填缓慢,当蜡液不能融合在一起时,就会出现残缺类缺陷。

(2) 蜡液温度低。没有足够的热量来保持蜡液的流动。

(3) 胶模被夹得太紧。对于一些薄壁工件而言,如果对胶模的夹持力过大,将使胶模腔壁厚减小,增加充填成型的难度。

(4) 注蜡机的注蜡嘴被堵塞。此时蜡液射出量较少,延长了蜡液充满胶模腔的时间。

(5) 胶模有问题。内部气体不能逸出,形成充填反压力,阻碍蜡液顺利充填。

(6) 胶模温度过低，以至于大量吸收蜡液的热量，使流入的蜡液很快丧失流动性。

相应的解决措施如下。

(1) 调高注蜡机气压，这是应用最广的一种手段，对于结构复杂、纤细的工件较有效。

(2) 调高蜡液温度。在不影响蜡液质量的前提下，提高蜡液温度将使蜡液具有更好的流动性，能在较长的时间内保持液态。

(3) 适当减小胶模两侧的压力。胶模较柔软、有弹性，夹持胶模时力度不能过大，以免胶模腔发生变形。

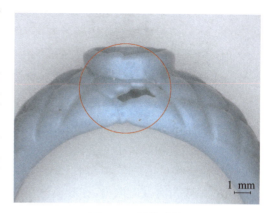

图 3-43 蜡模残缺

(4) 疏通注蜡嘴。注蜡嘴是一个细小的通道，一旦蜡料不洁净、含有外来夹杂物，容易将其堵塞。对于回收利用的蜡料，一定要过滤除去杂物后才能使用。

(5) 在胶模内部的死角位开透气线，使气体顺利排出，以免产生充填反压力。

(6) 天气过冷时，应先将胶模预热，使其具有一定的温度后再开始注蜡。

3) 蜡模中出现气泡（图 3-44）

缺陷描述：蜡件表面或内部有气泡，在光照下气泡部位的颜色明显比周围淡。蜡模中的气泡是否会对铸件产生影响，要视铸件结构及气泡位置而定。若气泡暴露在蜡模表面，无疑会导致铸件在该部位出现孔洞；若气泡位于蜡模表皮以下，在对石膏铸型抽真空的过程中，不排除气泡爆裂的可能，这种情况下气泡对铸件质量无影响。导致蜡模中出现气泡的原因可能有以下 5 个方面。

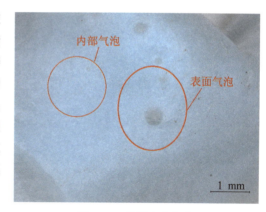

图 3-44 蜡模中有气泡

(1) 注蜡机气压过高。在注蜡过程中，蜡液以紊流状充填模腔，可能卷入空气而产生气泡。

(2) 注蜡机内蜡量偏少。当蜡液面与出蜡口持平甚至低于出蜡口时，蜡缸内的气体会随同蜡液一起注入模腔。

(3) 蜡液温度过高。此时蜡液吸收了大量气体，冷凝后形成气泡。

(4) 胶模进蜡口没有对准注蜡机的注蜡嘴。注蜡时空气从侧边随蜡液一起进入胶模。

(5) 胶模没有透气线或透气线被堵塞。胶模腔中的气体不能顺利排出时，会裹在蜡液中或停留在死角位，形成气泡。

相应的解决措施如下。

(1) 调整注蜡机气压，能保证蜡液顺利充填即可，不必过高。

(2) 增加注蜡机内的蜡量,保证蜡液体积为蜡机容量的 1/2 以上。

(3) 将蜡液温度控制在正确的范围内。

(4) 将胶模的进蜡口对准注蜡机的注蜡嘴并顶紧,不留任何空隙。

(5) 在胶模上开设透气线,经常检查透气线,使之保持通畅。

4) 蜡模的某些部位产生裂纹或完全断裂(图 3-45)

导致蜡模断裂的原因可能有以下 5 个方面。

(1) 回用蜡在蜡料中的占比太高。蜡料由石蜡、硬脂酸及各种添加物组成,每熔化注射一次,性能将劣化一次,其弹性、塑性也相应变差,脆性增大。

(2) 蜡模没有及时取出,在胶模内存放的时间过长。蜡模脆性与温度有关。若注蜡后间隔合适的时间取模,此时蜡模保留着余温,有较好的柔软度;若在胶模内放置时间过长,蜡模温度太低,脆性增大,容易断裂。

(3) 使用劣质蜡或过硬的蜡,韧性差,受力易断裂。

(4) 胶模切割不当,难取模。

(5) 取蜡模时操作手法简单粗暴。

相应的解决措施如下。

(1) 减少回用蜡的使用量,使新蜡占机内总蜡量的 60% 以上。

(2) 注蜡后要及时取出蜡模,避免蜡模因长时间存放而脆性增大导致断裂。

(3) 改用高品质蜡或偏软的蜡。

(4) 改进胶模切割方式,必要时对取模受阻部位进一步切割。

(5) 取模操作要小心谨慎。

5) 蜡模变形(图 3-46)

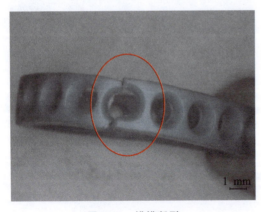
图 3-45 蜡模断裂

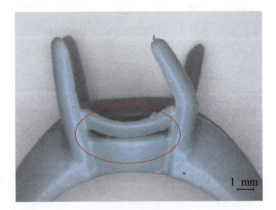
图 3-46 蜡模变形

导致蜡模变形的原因可能有如下 4 个方面。

(1) 注蜡后过早地将蜡模从胶模中取出,此时蜡模的抗变形强度低,很容易变形。

(2) 使用的蜡料过于柔软。软质蜡的抗变形强度低,尤其在气温高时,易发生变形。

(3) 胶模未对好位,注蜡后产生错位变形。

(4) 蜡模结构不合理,缺乏有效支撑,取模时易变形。

相应的解决措施如下。

(1) 注蜡后,应使蜡模在胶模内冷却一定时间后再取出。对于一般的首饰件,注蜡完毕后要等待 1min 才能取出蜡模。对于厚壁件,为缩短取模时间,可以将胶模浸在冷水中,以加快蜡模凝固冷却的速度。

(2) 选用较硬的蜡料。不同地区、不同季节的气温有差别,在高温时节,可以选择抗软化变形能力更好的蜡料。

(3) 设置有效的定位装置,注蜡时要将胶模位置对好。

(4) 对于纤细、镂空的工件,应在原版上加支撑位,提高蜡模的抗变形能力。

6) 蜡模表面粗糙(图 3-47)

导致蜡模表面粗糙的原因可能有以下 4 个方面。

(1) 注蜡前,对胶模使用了过多的滑石粉或脱模剂。若没有经常清理胶模,则这些杂质会逐渐积累,导致蜡模表面粗糙。

(2) 采用不洁净的回用蜡。当回用蜡料中混入了颗粒状物质时,它们也会被注入蜡模中,形成分散的粗糙区。当这些颗粒转移到铸件表面时,结果更糟糕。

图 3-47 蜡模表面粗糙

(3) 蜡模放置环境不干净,放置时间过长,表面沉积了大量灰尘。

(4) 修蜡后,蜡件表面残留蜡屑。

相应的解决措施如下。

(1) 注蜡时对脱模剂或滑石粉的使用要适量,避免滑石粉与脱模剂同时使用。在胶模使用过程中应注意检查,经常清理内腔壁。

(2) 保证蜡料的质量,使用回用蜡时要先处理干净。

(3) 保证工作场所的洁净,蜡模表面沉积灰尘或残留蜡屑时,要先清洗干净。可以配置浓度为 0.2%~0.3% 的中性皂液,先在皂液中清洗蜡模,用软毛刷去除其表面的油污灰尘,再用清水将其冲洗干净。

3.5.2 任务单

蜡模修整任务单如表 3-13 所示。

表 3-13 项目任务单

学习项目 3	蜡模制作		
学习任务 5	蜡模修整	学时	1
任务描述	采用电烙铁、手术刀、戒指尺、砂纸等进行蜡模修整		

表3-13（续）

任务目标	①掌握蜡模缺陷形成的基本原理 ②掌握常见蜡模缺陷的成因及解决措施 ③会对蜡模进行修整 ④会修改戒指蜡模的手寸	
对学生的要求	①熟悉电烙铁、手术刀的使用操作 ②会根据戒指尺刻度修改蜡模手寸 ③严格按照蜡模修整的操作要求，注意安全操作 ④实训完毕后对工作场所进行清理，保持场地卫生	
明确实施计划	实施步骤	使用工具/材料
	准备工作	电烙铁、玻璃杯、热水、手术刀、戒指尺、砂纸
	修整蜡模	电烙铁、手术刀、砂纸、热水
	修改戒指蜡模的手寸	电烙铁、手术刀、戒指尺、砂纸
实施方式	3人为一小组，针对实施计划进行讨论，制订具体实施方案	
课前思考	①导致蜡模产生披锋缺陷的原因有哪些？ ②为什么要修改戒指蜡模的手寸？ ③若蜡模发生变形，应如何进行矫正？	
班级		组长
教师签字		日期

3.5.3 任务实施

本任务为使用电烙铁、手术刀、戒指尺等工具，对有披锋、气泡、变形和小孔不通等缺陷的蜡模进行修整并修改手寸。

1. 准备工作

打开电源，调整好电烙铁温度。用100ml玻璃杯装满40～50℃的热水，准备好戒指尺、手术刀、1200#砂纸。

2. 修整蜡模

（1）用手术刀或刮刀将蜡披锋等削除，下刀时要注意用力手法，沿蜡模表面进行切削，不能切伤蜡模，并将表面刮平滑，再用砂纸修光。

（2）用电烙铁沾蜡将蜡样表面的砂洞、气泡和缺损处修复，再用砂纸进行修光。

（3）对于小孔不通的蜡件，可以用钢针或电烙铁穿刺孔眼。

（4）对于变形蜡模，可以在40～50℃的热水中进行矫正。

3. 修改戒指蜡模的手寸

将戒指蜡样套入相应的戒指尺,从中部切开。若需增大手寸,则将戒指套入要求的手寸位置,戒脾断开处用电烙铁补蜡,然后用手术刀修平滑(图3-48);若需减小手寸,则将戒指套入要求的手寸位置,将多余的戒脾切掉,用电烙铁焊接,再用手术刀修整脾型,使之与戒身形态相符合。

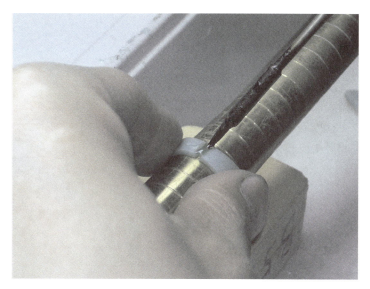

图 3-48　修改戒指蜡模的手寸

3.5.4　任务评价

如表3-14所示,学生根据自身完成任务及课堂表现情况进行自评,之后教师进行评价打分。

表 3-14　任务评价单

评价标准	分值	学生自评	教师评分
蜡模修整操作规范程度	20		
蜡模修整质量	30		
分工协作情况	10		
安全操作情况	10		
场地卫生	10		
回答问题准确性	20		

3.5.5　课后拓展

1. 将普通男款戒指蜡模的手寸从港度 17 号改成 18 号

(1) 将蜡模套入港度戒指尺,卡至现有尺寸 17 号位置。

(2) 将蜡模戒脾断开后推向戒指尺 18 号位置,在断开处用电烙铁补蜡,然后用手术刀修平滑。

(3) 用手术刀修整脾型,使之与戒身形态相符合。

2. 小组讨论

(1) 导致蜡模表面或内部产生气泡的原因有哪些?

(2) 蜡模表面或内部气泡缺陷的解决措施有哪些?

(3) 如何修改戒指蜡模的手寸?

项目4　蜡树制作

项目导读

蜡树制作,也称种蜡树,即把制作好的蜡模按照一定的要求及排列顺序,用焊蜡器沿圆周方向依次分层地焊接在一根蜡棒上,最终得到一棵形状酷似大树的蜡树,后期利用蜡树进行灌石膏等工序。种蜡树的基本要求是,蜡模要排列有序,既能保持一定的间隙,又能将尽量多的蜡模焊在蜡树上,以满足批量生产的需要。

蜡树由浇注系统和蜡模组成。浇注系统是将液态金属引入铸型型腔而在铸型内开设的通道。浇注系统开设得合理与否,会对铸造过程的充型、铸件质量以及工艺出品率产生显著影响。浇注系统一般包括树头、树芯、水线等组件,有时还会设置透气线。树头起到浇口杯的作用,用于承接金属液;树芯相当于直浇道,同时也起到补缩冒口[①]的作用;连接树芯与蜡模的通道称为水线,起到内浇道和补缩通道的作用,水线要够粗,与蜡模、树芯焊接处应圆润,没有锐角和凹缝。对于形状复杂的蜡模,应设置多个水线或辅助水线。水线长度要合适,开设的位置与铸件结构、材质、浇注方法等因素有关。种蜡树时,可以按蜡模的形状、大小、种类,将其分布于树芯上。种好的蜡模之间不能靠得太近,否则此处的石膏模壁太薄,容易破裂。

本项目通过3个典型任务及课后拓展任务,使学生分别掌握真空吸铸金银首饰、离心浇注金银首饰和铂金首饰的蜡树制作的基本原理及操作技能。

学习目标

- 了解浇注系统对首饰铸造质量的影响
- 了解不同结构款式首饰的水线设计原理
- 了解蜡树的制作原理

职业能力要求

- 掌握真空吸铸金银首饰蜡树制作的工艺过程及基本操作技能
- 掌握离心浇注金银首饰蜡树制作的工艺过程及基本操作技能
- 掌握铂金首饰蜡树制作的工艺过程及基本操作技能
- 掌握蜡镶铸件水线的设计方法

---

① 冒口:指为避免铸件出现缺陷而附加在铸件上方或侧面的补充部分。

任务 4.1 真空吸铸金银首饰的蜡树制作

4.1.1 背景知识

1. 改水线

任务 1.4 中已经介绍了在原版上设置水线的一般要求。由于蜡料的熔点很低，导热性差，胶模对蜡液的激冷作用较弱，而且注蜡时一般采用负压射流加保压凝固的方式，因而蜡件的充型问题不太突出。生产中为降低胶模制作和取模难度，在原版上设置的水线数量通常较少。但是，在金属液铸造中，金属液容易受铸型激冷作用而影响充填性能，种蜡树前需要认真审视水线设置是否合理，对不合理的地方要进行改水线操作，对于结构纤细、复杂的产品，尤其要注意。以镂空镶嵌手镯产品为例，在注蜡时通常采用三叉式水线就可以保证蜡模的完整性，但是若直接采用该水线进行铸造，则铸件出现残缺的概率较大。为此，针对该类镶石位多、光金面少、线条多且纤细的产品，要对水线进行更改，将原有水线去除，在其侧面平均布设 6 组水线，以保证金属液能迅速充满型腔，如图 4-1 所示。

图 4-1 结构纤细、复杂手镯的水线设置

可见，在进行水线设计时必须观察铸件的特点，选择最适合这种款式的水线设计方法，才能有效减少铸件的缺陷。

2. 蜡镶铸件的水线设计

所谓蜡镶，就是预先把宝石镶嵌在蜡模上，直接铸造成型。相对于金镶而言，蜡镶铸造是一种先进的首饰制作技术，具有生产效率高、生产成本低等突出优势，在首饰行业得到了广泛应用。在开设水线时，应考虑将水线开在宝石镶嵌附近区域的蜡模边，对一些镶石多的饰件，需要多个水线，以保证金属液能注满型腔，降低铸件残缺率。一旦铸件残缺，宝石没有金属支撑，当清理石膏粉时将掉石或失石，而且严重影响生产进度。在种蜡树时，还须考虑宝石放置的方向。例如，在种以包镶或澳洲镶为主的蜡件时，由于宝石与金属接触面大，且线条比较单一，金属液容易到达该区域，往往会造成金包石现象，因此种蜡树时宝石面最好朝下。

3. 蜡树制作（种蜡树）

种蜡树时，通常先把蜡芯（即主水线）插在橡胶底座上，蜡芯可以用铝合金模制作，如图 4-2 所示。蜡芯一般为圆柱形，其长度可根据钢盅高度决定。种蜡的橡胶底座相当于树的根基，它可保持蜡树稳直以方便种蜡，对下一步的灌石膏浆起到了密封作用，并形成了铸型的浇口杯。

在往蜡芯上种蜡模时，最好采用螺旋方式，如图 4-3 所示。首先，相对于杂乱无章或平排式的种树方式，螺旋式不仅外表美观，能节省空间，种下更多的蜡模，降低生产成本，还可大大加快从铸树上剪下铸件的速度，提高生产效率。其次，它还可以使金属液的充型更平稳、热量散失更均匀，避免石膏铸型内局部温度过高，导致金属液与石膏粉发生反应，形成气孔和砂孔缺陷。最后，在加入石膏浆抽真空时，螺旋式种树能让更多的气泡逸出，从而降低铸件出现金珠缺陷的概率。

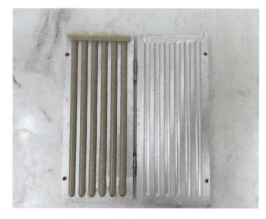

图 4-2　铝合金蜡芯金属模

图 4-3　蜡模呈螺旋式排列

种蜡树时要注意 4 个方面：一是蜡芯与分水线的夹角，要求以圆角过渡，不应出现尖角，如图 4-4 所示。若出现尖角，由于受到主水线金属液的冲击，金属液在进入分水线时流动不够顺畅且会冲击分水线内壁，这样会导致铸件不完全填充。二是蜡模间的距离应适中。有些操作人员认为在蜡树上种更多的蜡模可以提高生产效率，但蜡模距离过密也会延长铸件的凝固时间,增加缩松程度,最终影响铸件质量。蜡模之间的距离应不小于2mm,以2～5mm为宜,如图4-5所示。三是蜡树与钢盅壁之间最少要留10mm的间隙,蜡树与钢盅顶部要保持20mm以上的距离,以此确定蜡树的大小和高度,如图4-6所示。四是款式、形状及厚薄不同的蜡模应按一定要求分开种,如果分类不正确将会对铸造质量产生严重的影响。

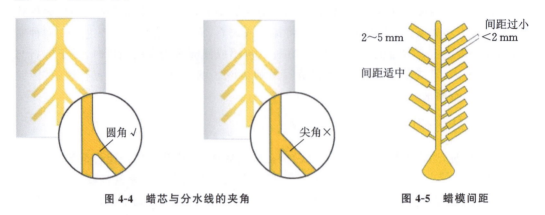

图4-4　蜡芯与分水线的夹角　　　　　　图4-5　蜡模间距

4．蜡树制作的辅助工具

1）上树机(图4-7)

这种设备操作简单,性价比高。底座圆盘与侧杆为一体,采用铝合金制作,带调节装置,可进行多角度灵活调节。活动杆装置可上下活动,底座圆盘可360°自由旋转。

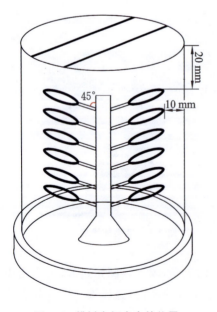
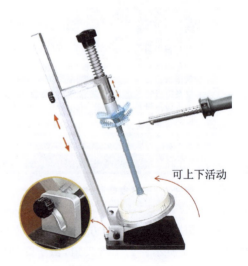

图4-6　蜡树在钢盅内的位置　　　　　　图4-7　上树机

2) 胶底转盘（图 4-8）

这种工具结构简单，使用方便，主要用于固定橡胶底盘。转盘可以自由旋转，带调节装置，可进行多角度调节，实现种树时多角度灵活操作。

3) 焊蜡器（图 4-9）**或电烙铁**

焊蜡器的温度可以调节，升温速度快，温度范围为 50～200℃；具有灵活性蜡笔，使焊蜡操作更加顺畅；通过脚踏控制器可实现笔嘴即冷即热。

图 4-8　胶底转盘

图 4-9　焊蜡器

4.1.2　任务单

真空吸铸金银首饰的蜡树制作任务单如表 4-1 所示。

表 4-1　项目任务单

学习项目 4	蜡树制作		
学习任务 1	真空吸铸金银首饰的蜡树制作	学时	1
任务描述	采用镶嵌男戒款蜡模、内径为 4in① 的橡胶底盘、电烙铁、上树机等进行蜡树制作		
任务目标	①会根据蜡模结构设计水线 ②会根据蜡模结构种蜡树 ③会检查蜡模是否焊牢 ④会称量蜡模的质量并将其换算为金属质量		

---

① in：英寸符号，1 英寸＝2.54 厘米。

表4-1（续）

对学生的要求	①熟悉蜡树制作要求并做好相应的准备工作 ②根据不同结构款式设计水线 ③注意控制电烙铁温度，防止烫伤，注意安全操作 ④实训完毕后对工作场所进行清理，保持场地卫生	
明确实施计划	实施步骤	使用工具/材料
	准备工作	蜡模、蜡芯、电烙铁、橡胶底盘、胶底转盘或上树机、钢盅
	种蜡树	电子天平、计算器等
实施方式	3人为一小组，针对实施计划进行讨论，制订具体实施方案	
课前思考	①水线的作用有哪些？ ②不同结构款式首饰的水线设计有何要求？ ③种蜡树过程中应该注意哪些事项？ ④蜡模质量与金属质量的换算比例是多少？	
班级		组长
教师签字		日期

4.1.3 任务实施

本任务采用镶嵌男戒款蜡模（图4-10）、电烙铁和橡胶底盘等来制作蜡树。

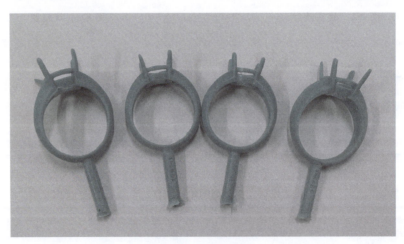

图4-10 蜡模结构

1. 准备工作

准备好镶嵌男戒款蜡模、直径为10mm的蜡芯、电烙铁、内径为4in的橡胶底盘、胶底转盘或上树机，蜡芯长度可根据钢盅高度选择，如图4-11所示。

图 4-11　钢盅、胶底转盘、橡胶底盘、蜡芯和电烙铁

2. 种蜡树

蜡模必须种在一个圆形橡胶底盘上,这个橡胶底盘的内径应与钢盅的外径一致。一般橡胶底盘的内径有 3in、3.5in 和 4in 这几种规格。底盘的正中心有一个球缺形凸起,在其中央设有圆形凹孔,凹孔直径与蜡芯直径相当。种蜡树的步骤如下。

(1) 在种蜡树之前,首先应对橡胶底盘进行称重并做好标记和记录,如图 4-12 所示。

图 4-12　对橡胶底盘称重

(2) 将蜡芯插入橡胶底盘上的圆孔中,用少量蜡液将其固定。橡胶底盘借助上树机(或胶底转盘)进行操作,也可以将其竖起,倾斜摆放。调整好电烙铁温度,用焊头在蜡芯上烫出小孔,迅速把蜡模水线插入,保持蜡模稳定,待蜡液稍微冷凝后方可松手,如图 4-13 所示。此时,水线与蜡芯夹角呈 45°,蜡模与蜡模之间至少留 2mm 间隙。

图 4-13　种蜡树

(3) 逐层将蜡模焊接在蜡芯上,直至完成整棵蜡树的焊接,最终得到一棵树状蜡模集合体。焊接蜡模时,可以从蜡芯底部开始(由下往上),如图 4-14 所示;也可以从蜡芯上部开始(由上往下),如图 4-15 所示。如果种蜡树操作较熟练,两种方法操作起来差别不大,但一般采用从蜡芯上部开始(从上往下)的方法,因为这种方法最大的优点是可以防止熔化的蜡液滴落到焊好的蜡模上,能够避免因蜡液滴落造成返工。

图 4-14　从下往上种蜡树

图 4-15　从上往下种蜡树

(4) 种完蜡树,再进行一次称重,如图 4-16 所示。将两次称重的结果相减,可以得出蜡树的质量。将蜡树的质量按石蜡与铸造金属的密度比例换算成金属的质量,就可以估算出大概需要多少金属进行浇注。通常,H65 黄铜:蜡=8.5:1;银:蜡=10.5:1;18K 金:蜡=15.5:1。

4.1.4　任务评价

如表 4-2 所示,学生根据自身完成任务及课堂表现情况进行自评,之后教师进行评价打分。

图 4-16　对蜡树称重

表 4-2　任务评价单

评价标准	分值	学生自评	教师评分
种蜡树操作规范程度	20		
蜡树完成质量	30		
金属质量换算	10		
安全操作情况	10		
场地卫生	10		
回答问题准确性	20		

4.1.5　课后拓展

1. 真空吸铸 925 银手镯蜡模的蜡树制作

（1）根据手镯结构选择直径合适的蜡芯和橡胶底盘。
（2）称量橡胶底盘质量，确定蜡芯长度，将蜡芯插入橡胶底盘上的圆孔中。
（3）以蜡芯为中心焊接水线，水线与蜡芯夹角呈 45°，一个蜡模为一层进行种树，蜡模与蜡模之间的距离为 2～5mm。
（4）对蜡树进行称重，将两次称重的结果相减得出蜡树质量。
（5）计算金属质量，按铸造 925 银的质量进行换算。

2. 小组讨论

（1）手镯款式蜡模的水线设置方法有哪些？
（2）对手镯款式蜡模种蜡树时有哪些注意事项？
（3）水线有哪些作用？

任务 4.2　离心浇注金银首饰的蜡树制作

4.2.1　背景知识

1. 离心浇注

离心浇注是将金属液浇入旋转的铸型中，金属液在离心力的作用下充填铸型并凝固，如图 4-17 所示。离心浇注工艺的优缺点如下。

1）优点

旋转时液体金属在离心力作用下充型（图 4-18），充填速度快，生产效率高，特别适合浇注细小饰品,例如链节、耳钉等。密度大的金属被推往外壁,而密度小的气体、熔渣向表面自由移动,形成自外向内的定向凝固,因此补缩条件好,铸件组织致密,力学性能好。

2) 缺点

与静力铸造相比,传统离心铸造有一些缺点:由于充型速度快,浇注时金属液紊流严重,增加了卷入气体形成气孔的可能;型腔内气体排出的速度相对较慢,铸型内反压力高,使出现气孔的概率增加;当充型能力过强时,金属液对型壁产生强烈的冲刷,容易导致铸型开裂或剥落;另外,浇注时熔渣有可能随金属液一起进入型腔。离心力产生的高充型压力,决定了离心机在安全范围内,可铸造的最大金属量比静力铸造机要少。另外,由于离心铸造室较大,一般较少采用惰性气体熔炼。

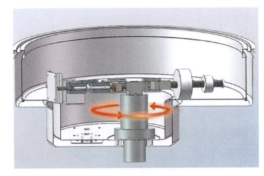

图 4-17 离心铸造旋转方式

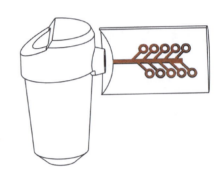

图 4-18 离心铸造充型

2. 离心浇注方式的蜡树制作注意事项

(1) 蜡模向上倾斜熔接在蜡芯上,一般蜡模与蜡芯的夹角为 45°~60°,水线长度为 10mm。与真空吸铸造方式相比,采用离心浇注方式时,蜡芯与水线的角度更小。

(2) 当蜡模小且结构复杂时,倾斜角度可以更小。收小的倾斜角度有利于金属液向下流动,提高浇铸成功的概率(浇注时,蜡树空腔处于倒置状态)。种蜡树时,先焊接轮辐状横浇道,如图 4-19 所示。再将蜡模垂直焊接在横浇道上,以更好地配合水平方向甩入的金属液,如图 4-20 所示。

图 4-19 轮辐状横浇道

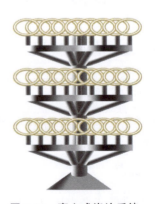

图 4-20 离心式浇注系统

(3) 蜡模围绕蜡芯层层有序地自蜡树顶部向下种植。要求蜡模排列紧密但彼此不接触,保持最小间距 3mm。蜡模与蜡芯间的最小距离为 8mm,最高位蜡模必须低于钢盅顶端 20~25mm。

4.2.2 任务单

离心浇注金银首饰的蜡树制作任务单如表 4-3 所示。

表 4-3 项目任务单

学习项目 4	蜡树制作		
学习任务 2	离心浇注金银首饰的蜡树制作	学时	1
任务描述	采用吊坠蜡模、内径为 3.5in 的橡胶底盘、电烙铁、上树机等进行蜡树制作		
任务目标	①会根据蜡模结构设计水线 ②会根据离心浇注方式设置种蜡树角度 ③会检查蜡模是否焊牢 ④会称量蜡模的质量并将其换算为金属质量		
对学生的要求	①熟悉蜡树制作要求并做好相应的准备工作 ②根据不同结构款式设计水线 ③注意控制电烙铁温度,防止烫伤,注意安全操作 ④实训完毕后对工作场所进行清理,保持场地卫生		
明确实施计划	实施步骤	使用工具/材料	
	准备工作	蜡模、蜡芯、电烙铁、橡胶底盘、胶底转盘或上树机、钢盅	
	种蜡树	蜡模、蜡芯、电烙铁、橡胶底盘等	
	检查蜡树质量	刀片	
	二次称重	电子天平、计算器等	
实施方式	3 人为一小组,针对实施计划进行讨论,制订具体实施方案		
课前思考	①离心浇注方式的优点有哪些? ②采用离心浇注方式种蜡树有何要求? ③蜡模质量与金属质量的换算比例是多少?		
班级		组长	
教师签字		日期	

4.2.3 任务实施

本任务采用带镶嵌吊坠款式蜡模和内径为 3.5in 的橡胶底盘等来制作蜡树。

1. 准备工作

准备好吊坠款式的蜡模、直径为 8mm 的蜡芯、电烙铁、内芯为 3.5in 的橡胶底盘、胶底转盘或上树机,蜡芯长度可根据钢盅高度选择。

2. 种蜡树

蜡模必须种在一个圆形橡胶底盘上,这个橡胶底盘的内径与钢盅的外径一致。种蜡树的步骤如下。

(1) 在种蜡树之前,首先应对橡胶底盘进行称重并做好标记。

(2) 将蜡芯插入橡胶底盘上的圆孔中,用少量蜡液将其固定;将橡胶底盘竖起,倾斜摆放,调整好电烙铁温度,先把轮辐状横浇道焊接在蜡芯上,然后把蜡模水线依次垂直焊接在轮辐状横浇道上,蜡模与蜡模之间留 3mm 间隙,如图 4-21 所示。

(3) 将蜡模逐层焊接在横浇道上,直至完成整棵蜡树的焊接,最终得到一棵树状蜡模集合体,如图 4-22 所示。

图 4-21 在轮辐状横浇道上焊接蜡模

图 4-22 逐层将蜡模焊接在横浇道上

3. 检查蜡树质量

种完蜡树后,可以用手拨动蜡模或震动蜡树来检查蜡模是否都已焊牢。如果没有焊牢,在灌石膏时就容易造成蜡模脱落,影响铸造质量。最后应再检查蜡模之间是否有足够的间隙,蜡模若贴在一起,应将其分开;如果蜡树上有滴落的蜡滴,应用刀片修去。

4. 二次称重

对整棵蜡树再进行一次称重,将两次称重的结果相减,可以得出蜡树的质量。再按照蜡树与铸造金属的密度比例换算成金属的质量,就可以估算出大概需要多少金属进行浇注。

4.2.4 任务评价

如表 4-4 所示,学生根据自身完成任务及课堂表现情况进行自评,之后教师进行评价打分。

表 4-4 任务评价单

评价标准	分值	学生自评	教师评分
种蜡树操作规范程度	10		
蜡树完成质量	40		
金属质量换算	10		
安全操作情况	10		
场地卫生	10		
回答问题准确性	20		

4.2.5 课后拓展

1. 离心铸造 925 银耳钉蜡模的蜡树制作

(1) 根据耳钉结构选择合适尺寸的蜡芯和内径为 3.5in 的橡胶底盘。
(2) 称量橡胶底盘的质量,确定蜡芯长度,将蜡芯插入橡胶底盘上的圆孔中。
(3) 以蜡芯为中心焊接水线,水线与蜡芯夹角呈 45°,将蜡模逐层焊接在横浇道上,蜡模与蜡模之间距离为 2~5mm。
(4) 对蜡树进行称重,将两次称重的结果相减,得出蜡树质量。
(5) 计算金属质量,按铸造 925 银的质量进行换算。

2. 小组讨论

(1) 耳钉款式蜡模的水线设置方法有哪些?
(2) 利用离心浇注方式制作蜡树时,有哪些注意事项?
(3) 离心铸造的优点有哪些?

任务 4.3　铂金首饰的蜡树制作

4.3.1　背景知识

1. 铂金的铸造性能

铂金具有珍贵稀有、色泽优雅、稳定性好等优点,历来用于高端珠宝首饰中。首饰常用的铂金材料主要有 Pt990、Pt950、Pt900 等几种成色。纯铂的熔点高达 1775℃,密度高达 21.45g/cm³。添加少量合金元素构成的铂金合金,依然具有非常高的熔点和密度。这些特点决定了铸造铂金首饰时金属液降温特别快,凝固前保持液态的时间很短。此外,铂金合金具有相对金合金、银合金更高的黏度,其表面张力是金的 1.5 倍。铂金材料的这些性能使其铸造成型要比金银合金困难得多,必须借助高效加热使之熔化,并在短时间内将金属液注入型腔完成充填。因此,铂金首饰铸造时常借助离心铸造来提供额外的充型动力,改善充填性能,而其离心铸造的方式基本为铸型横躺的卧式离心浇注。

2. 铂金的浇注方式

在现有的铂金铸造工艺中,主要有以下几种浇注方式。

1) 设置粗大直浇道的方式

该方式在种蜡树时采用类似金银首饰铸造的方法,内浇道与直浇道约呈 45°夹角,直浇道很长,如图 4-23 所示。这使得浇注时铂金液在离心力作用下先快速冲到铸型末端,然后折返回来充填型腔,因此容易造成严重紊流,引起铸件充填不完整,强大的离心力也使得铸型顶端存在爆裂的风险。此外,该方式的工艺出品率低。

2) 铸件直接连接到浇口杯的方式

该方式没有直浇道,而是将铸件直接连接在浇口杯上,每个铸件有独立的内浇道,如图 4-24 所示。这种方式虽然可提高工艺出品率,但是每个铸型铸造的铸件数量非常少。生产中为增加铸件数量,将铸件内浇道之间的距离减小,在浇注时内浇道间的铸型壁容易被冲刷而破裂,进入铸型形成砂眼或夹杂物等缺陷,影响铸件质量。

3) 设置轮辐状浇注系统的方式

该方式设置漏斗形浇口杯、直浇道和横浇道,形

图 4-23　设置粗大直浇道

成轮辐状环形的浇口,多个首饰铸件通过内浇道竖直连接到环形横浇道上,如图 4-25 所示。这种方式有利于金属液定向进入型腔,减少了紊流,减小了金属液对铸型的冲击力,增加了铸件数量。

图 4-24 铸件直接连接浇口杯

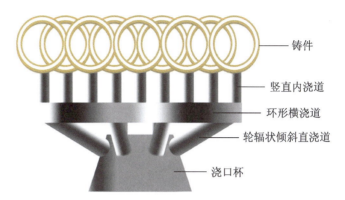

图 4-25 轮辐状浇注系统

4.2.2 任务单

铂金首饰的蜡树制作任务单如表 4-5 所示。

表 4-5 项目任务单

学习项目 4	蜡树制作		
学习任务 3	铂金首饰的蜡树制作	学时	1
任务描述	采用带镶嵌口的戒指蜡模、电烙铁、吸水纸等进行铂金首饰的蜡树制作		
任务目标	①会根据蜡模结构设计水线 ②会根据铂金首饰特点设置种蜡树角度 ③会检查蜡模是否焊牢 ④会称量蜡模的质量并将其换算为金属质量		
对学生的要求	①熟悉铂金首饰的蜡树制作要求并做好相应的准备工作 ②严格执行种蜡树的工艺要求 ③注意控制电烙铁温度,防止烫伤,注意安全操作 ④实训完毕后对工作场所进行清理,保持场地卫生		
明确实施计划	实施步骤	使用工具/材料	
	准备工作	电子天平、吸水纸、浇口杯、电烙铁	
	焊接幅状横浇道	电烙铁、轮辐状横浇道	
	焊接蜡模	电烙铁、蜡模、水线	
	蜡树称重	电子天平、计算器	

表4-5（续）

实施方式	3人为一小组，针对实施计划进行讨论，制订具体实施方案		
课前思考	①铂金的铸造性能有哪些？ ②铂金首饰的蜡树制作方式有哪些？ ③蜡模质量与铂金质量的换算比例是多少？		
班级		组长	
教师签字		日期	

4.3.3 任务实施

本任务采用带镶嵌口的戒指蜡模、电烙铁、吸水纸、钢盅等来制作铂金首饰的蜡树。

1. 准备工作

先用电子天平称量吸水纸质量，做好记录，如图4-26所示。把准备好的蜡模浇口杯用电烙铁焊接在吸水纸中心，沿浇口杯外圈焊封好，不能留有缝隙。

2. 焊接轮辐状横浇道

将轮辐状横浇道焊接在浇口杯正中心，接口位置要顺滑过渡，不能留有尖角。

3. 焊接蜡模

将蜡模用少量蜡液固封在环形浇道上，将蜡模竖起，侧面倾斜摆放，调整好电烙铁温度，然后再把蜡模水线依次焊接在轮辐状横浇道上，使蜡模整齐排列一圈，蜡模与蜡模之间留3mm间隙，如图4-27所示。

图4-26 称量吸水纸质量

图4-27 蜡树结构

4. 蜡树称重

蜡模全部种完后进行称重,用最终质量减去吸水纸质量就得出蜡模质量,再按照蜡树与铂金的密度比例计算金属质量,如图 4-28 所示。

4.3.4 任务评价

如表 4-6 所示,学生根据自身完成任务及课堂表现情况进行自评,之后教师进行评价打分。

图 4-28 蜡树称重

表 4-6 任务评价单

评价标准	分值	学生自评	教师评分
种蜡树操作规范程度	20		
蜡树完成质量	30		
铂金质量换算	10		
安全操作情况	10		
场地卫生	10		
回答问题准确性	20		

4.3.5 课后拓展

1. 带单个镶口的铂金戒指蜡模的蜡树制作

(1) 称量吸水纸质量。
(2) 将浇口杯焊接在吸水纸上,再焊接上轮辐状横浇道。
(3) 把蜡模依次焊接在轮辐状横浇道上,使蜡模整齐排列一圈。
(4) 对制作完的蜡树进行称重,将两次称重的结果相减,得出蜡树质量。
(5) 计算铂金质量,按铸造 Pt950 的质量进行换算。

2. 小组讨论

(1) 铂金的铸造特点是什么?
(2) 铂金首饰浇注系统的设置方式有哪些?

项目5　铸型制作

项目导读

精密铸造工艺是金属首饰成型的主要方法，铸型质量是决定铸件质量的重要因素。首饰铸型一般采用商品化的铸粉与水混成浆料来制作。按照铸件材质的熔点和化学性质，首饰铸粉主要分为两大类：一类是以石膏作为黏结剂的铸粉，主要用于金、银、铜等首饰材料的铸造；另一类是以磷酸或磷酸盐为黏结剂的铸粉，主要用于铂、钯、不锈钢等首饰材料的铸造。铸粉通常由耐火骨料、黏结剂和添加物等组成，不同品牌的铸粉在添加物的组成与比例方面有差别，铸粉浆料的性能也就存在一定的差异。然而，在生产中也经常出现这样的情况：不同企业使用同一品牌铸粉，甚至是同一个企业在不同的生产阶段使用同种铸粉，其浆料性能及铸型质量方面也会出现波动情况。在混制浆料时，需要制订科学的混制工艺要求并严格执行。湿态铸型中包埋着蜡模或树脂模，并且含有大量的水分，必须通过高温烘烤将蜡（树脂）模彻底焚失，并将铸型中的水分除去，才能将其用于浇注金属液。铸型焙烧手段和焙烧工艺对铸型质量有重要影响。

本项目通过3个典型任务及课后拓展练习，使学生掌握普通石膏铸型制作、蜡镶石膏铸型制作、酸黏结陶瓷铸型制作的基本原理及操作技能。

学习目标

- 熟悉铸型的性能要求及评价指标
- 了解常用首饰铸粉的品牌和特点
- 了解石膏铸粉的凝结与焙烧原理
- 了解蜡镶铸造原理
- 了解石膏铸型焙烧过程的物理化学变化
- 熟悉焙烧工艺条件对铸型性能的影响
- 熟悉评价铸型质量的性能指标

职业能力要求

- 能根据工艺要求手工混制首饰石膏铸型
- 能根据工艺要求采用真空开粉机制作石膏铸型
- 能根据工艺要求制作蜡镶石膏铸型
- 能根据工艺要求制作酸黏结陶瓷铸型
- 能根据工艺要求设置铸型焙烧曲线

任务 5.1　普通石膏铸型的制作

5.1.1　背景知识

1. 石膏铸粉

1）铸粉组成

首饰石膏铸粉已普遍实现商品化,市面上有多种多样的铸粉,使用较广泛的铸粉品牌有国外的 Kerr、R&R、SRS、Golden Star 等,以及国内的高科、猎人、艺辉等。不同厂家生产的铸粉在化学组成和性能方面有所区别。总体而言,石膏铸粉通常由三部分组成。一是耐火骨料,最常用的是石英和方石英,它们具有较高的耐火度,同时在加热过程中会发生晶体结构转变,伴随着显著的体积膨胀,可用来抵消石膏的收缩作用。二是半水石膏,它起到黏结剂的作用,主要有 α 型和 β 型两种类型。生产铸粉时优先采用 α 型,相比 β 型,它的晶体尺寸更小,制备浆料时需要的水更少。三是添加剂,其种类繁多,作用各不相同。例如,缓凝剂可以延迟铸粉溶解及其胶凝过程,使铸模内部晶粒凝聚排列更完整,提高铸模结构强度;加速剂能调节铸粉浆料的黏性,加速浆料的凝结,提高铸模内部和表面的强度;分散剂可使浆料均匀混合,不易沉淀、分层,提高浆料的流动性和悬浮性;润滑剂可改善浆料的润湿性;消泡剂可减少浆料中的气泡。它们都可以提高铸型的表面光洁度。

2）凝结机理

铸粉与水混制浆料时,α 型半水石膏溶于水,通过搅拌,得到半水石膏的饱和溶液,发生水合作用,生成高度分散的胶态、微粒状二水石膏,二水石膏微粒发生再结晶,长成粗大晶粒,使浆料形成具有黏结力和内聚力的石膏硬化体,从而获得所需的铸型强度。其中,二水石膏晶体结构的形成可分为两个阶段:第一阶段是新生成的晶粒长大并相互接触,形成晶体结构的骨架,如图 5-1 所示;第二阶段是形成骨架后的晶粒继续长大。硬化后石膏结构的最终强度,在很大程度上取决于石膏胶结料的溶解度及其溶解速率。

2. 石膏铸型的特点

金、银、铜首饰一般浇注温度在 1100℃ 以下,因此普遍采用石膏型铸造,它有以下优点:一是复制性好,石膏在析晶的同时发生膨胀,能充满模型的微小细部,纹饰清晰、立体感强;二是溃散性好,对于结构纤细、造型复杂的饰品,可以方便地去除残余铸粉而不损

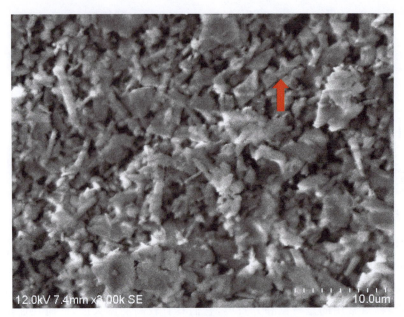

图 5-1　石膏晶体微观形貌（红色箭头所指）

伤铸件；三是操作方便，易于掌握。

但是，石膏的主要组成成分是硫酸钙，它在高温状态下化学稳定性不佳，耐火度有限，当温度超过 1200℃ 时就会发生分解，释放出二氧化硫气体，严重影响铸件的质量。当铸型焙烧不彻底、出现残留炭时，石膏的分解温度会进一步降低。

3. 石膏浆料

1）水粉比

水粉比通常用水膏比或水固比表示，即以每 100g 铸粉添加的水量（单位为 ml）表示。水粉比是衡量铸型物理、工艺性能的重要指标之一，是关系到制浆和制模工艺成败的重要参数，其影响是多方面的。一是对铸型浆料的胶凝时间和流动性等性能的影响。随着水粉比的增加，浆料流动性显著提高，初凝时间和终凝时间延长。二是对铸型热膨胀率的影响。随着水粉比的提高，铸型的热膨胀率、线变量显著增大。三是对铸型裂纹倾向性的影响。随着水粉比的增加，铸型的裂纹倾向性明显增大。四是对铸型强度的影响。随着水粉比的增加，铸型的常温强度、高温强度显著下降。五是对铸型表面质量的影响。试验和生产实践表明，每种铸粉都有严格的水粉比临界值，高于或低于这个值，会对铸型的表面粗糙度产生显著影响，进而影响铸型表面质量，有时会使质量相差两个等级。

因此，在混制石膏浆料时，要严格控制水粉比，对所使用的称量器具要精心维护，称量要精确。

2）浆料混制方法

浆料混制方法有手工混制法和机械混制法两大类。

手工混制法比较灵活，适合少量浆料的混制。在混制浆料时，按所要求的水粉比配制，搅拌铸粉与水，动作要敏捷，搅拌要充分，直至无粉末结块为止，以使浆料有较好的流动性。

搅粉机是将铸粉和水搅拌成均匀浆料的机械，用它代替手工搅拌，不仅能够提高效率，还可以使搅拌更均匀。

在搅拌过程中有大量气体混入，它们滞留在浆料中，会显著降低铸型强度，并影响铸件表面质量，因此需要借助抽真空机对浆料进行脱泡处理。

目前，对于浆料制备过程中产生的气泡，主要有两种消除方法。一是在铸粉中添加消泡剂。它可以在泡沫中扩散，在泡沫壁上形成双层膜，降低泡沫局部表面的张力，破坏泡沫的自愈效应，使泡沫破裂。但是消泡剂过多会影响浆料性能，而且它在高黏度石膏浆料中的作用也是有限的。二是采用真空脱泡法。气体在液体中具有一定的溶解度，溶解度的大小受压力、温度等因素的影响。以空气在纯水中的溶解度为例，在一定温度下，随着压力降低，空气在水中的溶解度不断下降；而在一定压力下，随着温度升高，溶解度相应降低。

气体通常以气泡核的形式存在于液体中，但在高黏度浆料中，气泡核的聚集长大和气泡依靠自身浮力上升的速度极为缓慢，因此必须依靠外力将气泡带到液面，真空搅拌脱泡是比较有效的方式。它利用真空泵将容器内部抽至真空，利用搅拌叶对浆料进行搅拌，强制性地使浆料内膨胀的气泡浮上材料表面进行脱泡，如图5-2所示。

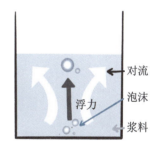

图5-2 真空搅拌脱泡示意图

机械混制法使用的搅粉机分为分体式简易搅粉机、一体式真空开粉机两大类。

分体式简易搅粉机如图5-3所示，这种机器结构简单，价格便宜，由于搅拌是在大气中进行的，容易卷入气体，将石膏浆料搅拌好后，需要在抽真空机中将浆料中的气体抽走。常见的抽真空机是以真空泵、气压表为主体的机器，在机箱顶部装有一块平板，平板四角有弹簧可以振动，平板上有层胶垫，并配有半球形的有机玻璃罩，如图5-4所示，抽真空时罩子与胶垫之间结合紧密不易漏气，以保证抽真空的质量。使用分体式简易搅粉机开粉，整个过程要经过混浆、一次脱泡、灌浆、二次脱泡几道工序，比较繁琐。

一体式真空开粉机集搅拌器和真空密封装置于一体，可以使搅拌浆料、灌浆成型都处于真空状态下，有效地减少了气泡的出现，制得产品的光洁度更好。根据一次开粉的数量，有单盅真空开粉机和多盅真空自动开粉机之分。图5-5是一款一体式单盅真空开粉机，它配备了浆料搅拌真空罐和浆料灌注真空罐，每个罐子都设置了抽真空接口。操作演示见视频5-1。

图 5-3　分体式简易搅粉机　　　　　　　图 5-4　抽真空机

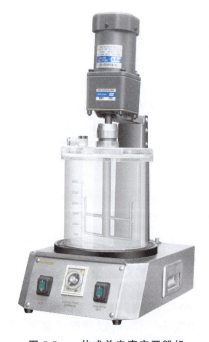

图 5-5　一体式单盅真空开粉机　　　　视频 5-1　单盅真空开粉操作演示

一体式多盅真空自动开粉机可一次灌注多盅铸型,如图 5-6 和图 5-7 所示,一般配备了定量加水、设定搅拌时间、设定搅拌速度等功能,提高了开粉的自动化程度。与分体式简易搅粉机相比,省去了混浆、脱泡、灌浆等复杂化操作,使操作更简单省时。操作演示见视频 5-2。

图 5-6　一体式多盅真空自动开粉机　　图 5-7　铸盅在灌浆室的分布情况　　视频 5-2　多盅真空自动开粉操作演示

3）浆料的性能指标

衡量石膏浆料性能的指标主要有流动性、浇注时间、凝结时间等。流动性指铸粉浆料流淌充填的能力；浇注时间是铸粉浆料自混制开始至黏度增加到无法浇注的时间；凝结时间是自混制开始到浆料凝结固化的时间，此时浆料表面光泽消失，又称为失去光泽点时间。凝结时间既取决于铸粉的性能，又与开粉操作、水粉比有很大关系。

4. 铸型脱蜡

当浆料凝固后，可以用两种不同的方法除蜡：蒸汽脱蜡或烘烤脱蜡。

使用蒸汽脱蜡时可以更有效地除蜡，蜡液浸渗到铸型的厚度基本减少到零，因此很少有蜡残留，焙烧时铸型内不会形成还原性气氛，这样就有利于石膏中硫酸钙保持稳定，因为还原性气氛会促进硫酸钙的热分解。另外，采用蒸汽脱蜡也有利于环保。采用蒸汽脱蜡时，要注意水的沸腾不能太剧烈，并要控制蒸汽脱蜡的时间，否则溅起的水会进入铸型，损害铸型表面，甚至使硫酸钙晶体裂解，硫酸钙晶体反应性增加，热分解温度降低，促进气孔的形成。

烘烤脱蜡是直接利用焙烧炉加热铸型，使蜡料熔化后流出铸型外的方法。由于蜡料的沸点较低，采用这种方法时，如果蜡液发生激烈的沸腾，会损坏铸型表面；若蜡液排出不畅，会渗入铸型的表层，使铸件的表面质量恶化，因此，要注意控制脱蜡阶段的加热温度和速度，并设置相应的保温平台。另外，铸型在脱蜡前不能彻底干燥，否则铸型易开裂，如果开粉后不能在 2~3h 内脱蜡，应用湿布将铸型盖好以避免干燥。

5. 铸型焙烧

焙烧的目的是彻底排除铸型中的水分和残留蜡,获得所需的高温强度和铸型透气性能,并满足浇注时对铸型温度的要求。铸型的最终性能在很大程度上受焙烧制度、焙烧设备的影响。

石膏铸型焙烧前须制定合适的焙烧制度。一般情况下,铸粉生产商都制订了焙烧制度指南,不同厂家生产的铸粉,其焙烧制度会有区别。因此,需要了解铸型在加热过程中的温度变化情况。石膏铸型在加热过程中温度变化分为3个阶段。第一阶段是自由水蒸发。加入石膏混合料中的水分,2/3被汽化,大量吸热,由于水的导温系数与空气相比小得多,因而热温迁移的过程造成铸型内温差很大。第二阶段是二水石膏转变为半水石膏,发生吸热反应,温度梯度有所减小。第三阶段是半水石膏转变为无水、不溶硬石膏,无明显热效应,填充料也无相变,铸型内温差减小,铸型的温度场取决于材料热学性质、铸型容重等。

焙烧设备对铸型焙烧质量有显著影响。首饰制作行业用的石膏焙烧炉,一般为电阻炉,也有一些企业采用燃油炉。不管何种炉子,通常都带有控温装置,而且还能实现分段控温。图5-8是一种典型的电阻焙烧炉,可以实行四段或八段程序温度控制,这种炉子一般采用三面加热,也有一些采用四面加热,但是炉内温度分布不够均匀,焙烧时也不易调整炉内气氛。围绕使炉内温度分布均匀、消除蜡的残留物、自动化控制等目标,近年来出现了一些先进的焙烧炉。例如,针对常规箱式电阻炉炉膛温度分布不均匀的问题,旋转焙烧炉采用炉床回转方式(图5-9),使石膏型能均匀受热,石膏内壁光洁精细,特别适合

图5-8　电阻焙烧炉

图5-9　旋转焙烧炉

于先进的蜡镶铸造工艺,目前许多厂家都在使用这种炉子。这种坚固结实的电阻炉,能提供最好的生产环境,用于铸造体积更大和数量更多的钢盅,而且这种炉箱四面加热,内有双层耐火砖隔板,热度均匀稳定,绝缘性能好,排烟经过两次充分燃烧,最后排出的是无公害气体。

5.1.2　任务单

普通石膏铸型的制作任务单如表 5-1 所示。

表 5-1　项目任务单

学习项目 5	铸型制作		
学习任务 1	普通石膏铸型的制作	学时	1
任务描述	采用普通石膏铸粉和真空脱泡机,混制浆料,灌注铸型,设置焙烧曲线,对铸型进行焙烧		
任务目标	①会对钢盅进行预处理 ②会根据石膏铸粉的水粉比称量铸粉和水 ③会根据铸粉混制工艺要求来混制浆料 ④会根据焙烧制度设置自动控制的焙烧曲线		
对学生的要求	①熟悉石膏铸粉浆料的混制工艺要求并做好相应的准备工作 ②严格执行称量、混浆、灌浆、脱泡、脱蜡、焙烧等工艺要求 ③按要求穿戴好劳动防护用品,注意安全操作 ④实训完毕后对工作场所进行清理,保持场地卫生		
明确实施计划	实施步骤	使用工具/材料	
	准备工作	直尺、钢盅、胶带、蜡树、橡胶底座、电烙铁、铲刀	
	称料	石膏铸粉、去离子水、电子天平等	
	混浆	不锈钢容器、搅拌器	
	一次脱泡	抽真空机、振动装置	
	灌浆	不锈钢容器、振动台	
	二次脱泡	抽真空机、振动装置	
	静置	静置台	
	清理	钢铲	
	铸型焙烧	焙烧炉、温控器	
	结束工作	拖把、抹布等	
实施方式	3 人为一小组,针对实施计划进行讨论,制订具体实施方案		

表5-1(续)

课前思考	①石膏铸粉的存放有何要求？ ②确定水粉比时要考虑哪些因素？ ③石膏铸型焙烧时为何要在低温阶段进行保温？		
班级		组长	
教师签字		日期	

5.1.3 任务实施

本任务采用铸造金、银首饰所用的石膏铸粉和手工搅粉法来制作石膏铸型。

1. 准备工作

用直尺测量蜡树的最大外周直径和高度，根据测量结果，选择内径为100mm、高度为125mm的钢盅。将蜡树树芯底部插入橡胶底座孔内，保持蜡树竖直，用电烙铁将接触面焊好，使之与底座粘牢。

用铲刀将钢盅表面清理干净，将其套入橡胶底座内，使蜡树位于钢盅的中心。然后用胶带缠绕钢盅外壁，使所有的孔均封死，防止灌注时漏浆，如图5-10所示。为防止脱泡时浆料溢出，缠绕的胶带圈应比钢盅高20～30mm。

图5-10 用胶带将钢盅外壁缠紧

2. 称料

先根据下式计算钢盅的容积：

$$V=\frac{\pi}{4}\times\phi^2\times h$$

式中，V 为钢盅容积(ml)，ϕ 为钢盅内径(cm)，h 为钢盅高度(cm)。计算可得其容积约为 982ml。

按照浆料密度 1.8g/ml 计算，则所需浆料约为 1.768kg。考虑到容器壁有黏附等损耗，取保险系数 1.15，则需要准备浆料 2.033kg。

按照 38.5ml 水/100g 粉的水粉比来混制浆料，则分别称取 1.468kg 铸粉和 565ml 去离子水。为便于操作，去离子水可以按照 1g/ml 来称重。将铸粉和水分别装好，如图 5-11 所示。

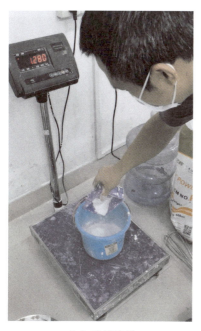
（a）称量铸粉

（b）称量去离子水

图 5-11 称取铸粉

3. 混浆

先将去离子水加入不锈钢容器中，再将铸粉轻轻倒入水中，用搅拌器进行搅拌，先慢后快，动作要敏捷，注意容器壁和底部都要刮到，避免铸粉黏附在上面。搅拌 2.5～3.5min，直至形成均匀的浆料，没有夹带颗粒状包粉现象，如图 5-12 所示。

图 5-12 手工混浆

4. 一次脱泡

将浆料盆放在抽真空室，盖上透明有机玻璃罩，开启抽真空机和振动装置，使浆料中的气泡在微震和真空下迅速脱除，如图 5-13 所示。注意观察浆料面的上升情况，若浆料快要溢出，可以适当充入一点空气，使液面下降一些，再将真空阀完全打开。一次抽真空时间为 1.5～2min，至液面没有出现剧烈沸腾时即可。注意抽真空时间不能过长，以免浆料黏稠、流动性下降。

5. 灌浆

将装好蜡树的钢盅放置在振动台上，将浆料沿着钢盅壁慢慢倒入，一边灌浆，一边轻拍台面，使浆料平稳顺利流动，以减少充填时卷入的气体量。要注意尽量避免浆料直冲蜡树，以免将个别蜡模冲落下来，如图 5-14 所示。浆料没过蜡树 20～30mm 或者与钢盅顶部持平时，停止加入浆料。

图 5-13　一次脱泡

图 5-14　灌浆

图 5-15　二次脱泡

6. 二次脱泡

盖上透明有机玻璃罩，开启抽真空机和振动装置，对钢盅内的浆料进行二次脱泡，时间为 2～2.5min，一边抽真空，一边保持台面轻轻振动，促使气泡脱除，如图 5-15 所示。

7. 静置

铸型完成灌浆和二次脱泡操作后，应静置

1.5~2h,使石膏型充分凝固硬化,如图 5-16 所示。

8. 清理

将橡胶底座取走,去除钢盅周围的包裹材料及溅洒的粉浆,并在铸型顶面上做好标记(图 5-17)。

图 5-16　静置铸型

图 5-17　清理与标记

9. 铸型焙烧

将铸型直接放入焙烧炉中,浇注口朝下,铸型之间留出一定的间隙,防止受热温度不均匀。若铸型分两层及以上放置,则上一层的铸型与底层要错开,如图 5-18 所示。按照铸粉使用指南设置焙烧制度,包括加热时间、升温速度、温度、保温时间等。为保证炉膛温度精准可控,避免出现太大的波动,需要在焙烧炉上配置智能化温度控制系统。不同厂家生产的焙烧炉,采用的控温设置方式可能有一定差别。目前常用的控制系统是可编程智能仪表,如图 5-19 所示,一般具有数十段升温程序功能及 PID(proportion,integral,differential coefficient,比例、积分、微分)功能。其中,PV(process variable,过程变量)窗口为测量值,SV(set value,设置值)窗口为设定值,0~100% 进度条为功率输出比率。进行编程操作时,先接通电源,按▲键 2s,使 SV 窗口出现"STOP",然后按照以下步骤进行设定。

(1) 按◀键，PV 显示"C01"，表示需要程控的起始温度；按◀、▲、▼键，使 SV 达到所需起始温度。

(2) 再按 SET 键，PV 显示"t01"，表示从起始温度达到下一设定温度的时间；按◀、▲、▼键，使 SV 达到所需时间。

(3) 再按 SET 键，PV 显示"C02"，表示刚才设定的起始温度 C01，用了 t01 的时间，所要达到的温度；按◀、▲、▼键，使 SV 达到所需温度。

(4) 再按 SET 键，PV 显示"t02"，表示从 C02 到达下一设定温度的时间；按前面步骤重复操作，直至设定所需的各段温度和时间，最多达 30 段。

(5) 将最后一段 t 参数设置为"－121"，即可自动关机。

(6) 等 SV 显示"STOP"，再按▼键，使 SV 窗口出现"RUN"，仪器自动按照设定的程序开始工作。

图 5-18 两层铸型在焙烧炉内的放置方式

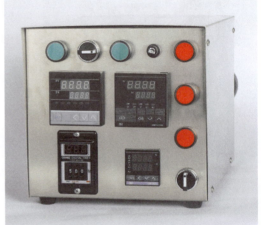

图 5-19 可编程智能仪表

以图 5-20 所示的石膏型焙烧制度为例，设置步骤如下。

① 按◀键 C01＝30℃；
② 按 SET 键 t01＝30min；
③ 按 SET 键 C02＝180℃；
④ 按 SET 键 t02＝120min；
⑤ 按 SET 键 C03＝180℃；
⑥ 按 SET 键 t03＝210min；
⑦ 按 SET 键 C04＝730℃；
⑧ 按 SET 键 t04＝180min；
⑨ 按 SET 键 C05＝730℃；
⑩ 按 SET 键 t05＝60min；
⑪ 按 SET 键 C06＝600℃；

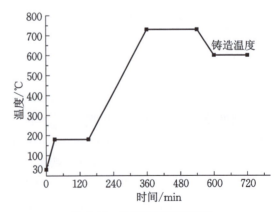

图 5-20 石膏铸型焙烧制度

⑫ 按 SET 键 t06＝120min；

⑬ 按 SET 键 C07＝600℃；

⑭ 按 SET 键 t07＝－121。

铸型经过高温烧结后,得到所需要的强度,使铸坯内形成各种模型的空腔,烘模后降温到所需要的浇铸温度。

10. 结束工作

铸型制作任务完毕后,关闭相关电源,将设备和工作场所清理干净,并将不锈钢容器、搅拌器、橡胶底座等放到指定位置。

5.1.4 任务评价

如表5-2所示,学生根据自身完成任务及课堂表现情况进行自评,之后教师进行评价打分。

表 5-2 任务评价单

评价标准	分值	学生自评	教师评分
铸粉用量计算的准确度	10		
铸型完成质量	40		
分工协作情况	10		
安全操作情况	10		
场地卫生	10		
回答问题的准确性	20		

5.1.5 课后拓展

1. 手镯铸型的制作训练

(1) 根据蜡树的外形尺寸,选择合适的钢盅和橡胶底座。

(2) 计算铸型需要的浆料体积,并根据气温和湿度拟定水粉比,计算所需的铸粉和水的量。

(3) 按照工艺要求混制浆料和制作铸型。

2. 小组讨论

(1) 影响石膏浆料脱泡的因素有哪些?

(2) 石膏铸型焙烧时为何要控制升温或降温速度?

(3) 促进石膏铸型中残留碳去除的措施有哪些?

任务 5.2　蜡镶石膏铸型的制作

5.2.1　背景知识

1. 蜡镶铸造的概念

蜡镶铸造技术是 20 世纪 90 年代中期出现的一项新技术,这项技术一经出现,就引起了首饰制作行业的广泛关注和迅速推广,尤其在制作镶嵌宝石数量众多的首饰件时,采用蜡镶工艺已成为降低生产成本、提高生产效率、增加产品竞争力的重要途径。所谓蜡镶,是相对金镶而言的,它是在铸造前将宝石预先镶嵌在蜡模中,经过制备石膏型、脱蜡、焙烧后,将宝石固定在型腔的石膏壁上,当金属液浇入型腔后,金属液包裹宝石,冷却收缩后宝石被牢牢固定在金属镶口中。蜡镶技术以传统的熔模铸造工艺为基础,但是在各生产工序中,又有其特殊性和难度,给首饰加工企业带来了一定的风险,只有对蜡镶工艺有充分的认识和了解,并严格按要求进行操作,才能保证蜡镶质量的稳定,真正发挥出蜡镶工艺的优势。

2. 蜡镶铸造工艺的优点

(1) 节省时间,提高生产效率。对于质量要求较高的迫镶梯方首饰产品,蜡镶效率可达到金镶工艺的 2～4 倍;而对于质量要求不太高的钉镶产品,蜡镶效率甚至超过金镶工艺数十倍。

(2) 降低人工成本。传统金镶操作对镶石工人的操作技能有相当高的要求,使得首饰厂在镶石部门要投入大量技艺熟练的人力,大大增加了人工成本。在低价值首饰件的生产中,人工成本在总成本中占比很高,采用蜡镶工艺,可以大大降低人工成本。

(3) 贵金属的损耗减少。采用传统金镶工艺时经常要修整镶口位,贵金属的损耗相对较大,蜡镶时则是修整蜡模,因而贵金属的损耗将大大减少。

(4) 蜡镶操作只需要简单的工具,可以大大地减少机针和磨打吊机等打磨工具的投入和损耗成本。

(5) 蜡镶铸造工艺作为一种新的镶嵌方法,为首饰设计的创新提供了工艺技术条件,有些首饰产品只有通过蜡镶铸造工艺才能制造出来。

(6) 蜡镶铸造是实现镶嵌自动化的有效途径。长期以来,镶嵌是在金属坯件上进行的,只能依靠手工作业,而采用蜡镶铸造工艺时,宝石镶嵌在蜡模上,利用蜡模具有熔点低、弹性好等特点,可以借助机械手和传感装置,实现对宝石的自动镶嵌,生产效率和镶嵌质量稳定性得到显著提升,如图 5-21 所示。

3. 蜡镶铸造对石膏型的特殊要求

在铸粉浆料中加入硼酸,有助于防止焙烧和铸造过程中宝石的燃烧和变色,对宝石起到保护作用。硼酸有两种加入方式:一种是在生产铸粉时直接加入并混磨均匀;另一种是使用常规铸粉,在混制浆料时采用饱和硼酸水(室温下,硼酸粉在100ml水中的饱和溶解度通常不超过5g)。由于添加硼酸后石膏凝结速度加快,工作时间只有6~7min,因而要注意控制整个操作过程的速度,保证浆料有足够的抽真空时间,以除去粘在蜡模上的气泡(任何在镶口底部或附近区域的气泡都会在铸件上形成难以除掉的金属豆,可以在浆料中加入微量的液体洗涤剂,以改善浆料的润湿性能,避免气泡陷入)。此外,灌浆时应注意不能使宝石移位。

现在市场上已有专用于蜡镶铸造的铸粉供应,当使用这些铸粉时,注意按照铸粉生产商的使用建议,如水粉比、混制时间、抽真空时间、凝结时间等进行操作。对于灌浆后的铸型,应静置1.5~2h后再进行脱蜡焙烧。

图 5-21 自动蜡镶机

4. 脱蜡焙烧

蜡镶铸造中使用蒸汽脱蜡或烘烤脱蜡都可以,关键是在铸造前须将所有蜡的残留物彻底除掉,因为碳的残留物会引起金属铸造缺陷,影响铸件质量。由于宝石在承受高温、热冲击和热应力时,有燃烧、变色或出现裂纹的风险,为保护宝石,蜡镶铸造工艺中一般采用比常规铸造时更低的焙烧温度。因而,如何制定合理的铸型焙烧制度,是蜡镶铸造工艺的关键所在。由于使用蜡镶工艺往往在一定程度上降低了焙烧温度,因而蒸汽脱蜡有助于除蜡。蒸汽脱蜡的时间应限制在1h内,若时间过长,容易在铸件上留下水印或损坏铸型。蒸汽脱蜡后铸型应立即转入焙烧炉中焙烧。

为保证焙烧效果,蜡镶铸造的铸型在焙烧时要注意以下几点:一是焙烧炉要求能精确控温,避免因过热而使宝石燃烧或变色;二是要使铸型尽量均匀受热,减少宝石由于经受热冲击和热应力而出现裂纹的风险;三是焙烧炉内要有充分的空气对流,使蜡的残余碳能彻底烧掉。

在焙烧过程中,在某些温度段设置保温平台,有助于防止宝石开裂。焙烧温度可以根据宝石的类型和质量而改变,浇注时铸型的温度也要根据材质、铸件结构等来确定。

5.2.2 任务单

用于蜡镶首饰的铸造,其石膏模型的制作任务单如表5-3所示。

表 5-3 项目任务单

学习项目 5	铸型制作		
学习任务 2	蜡镶石膏铸型的制作	学时	1
任务描述	采用硼酸水溶液混制石膏浆料,灌注铸型,蒸汽脱蜡,设置焙烧曲线,对铸型进行焙烧		
任务目标	①掌握蜡镶铸造的基本原理 ②掌握蜡镶铸造对铸型材料的特殊要求 ③会根据蜡镶铸型用浆料铸粉混制工艺要求来混制浆料 ④会设置自动控制的蜡镶铸型焙烧曲线		
对学生的要求	①熟悉蜡镶石膏铸粉浆料的混制工艺要求并做好相应的准备工作 ②严格执行称量、混浆、灌注、脱泡、脱蜡、焙烧等工艺要求 ③按要求穿戴好劳动防护用品,注意安全操作 ④实训完毕后对工作场所进行清理,保持场地卫生		
明确实施计划	实施步骤	使用工具/材料	
	准备工作	直尺、钢盅、胶带、蜡树、橡胶底座、灌浆桶	
	称料	石膏铸粉、水、硼酸粉、不锈钢盆	
	混浆、一次脱泡	搅拌器、抽真空机	
	灌浆	振动台	
	二次脱泡	抽真空机	
	静置	静置台、钢铲	
	蒸汽脱蜡	蒸汽脱蜡炉	
	铸型焙烧	旋转焙烧炉、温控器	
	结束工作	拖把、抹布	
实施方式	3 人为一小组,针对实施计划进行讨论,制订具体实施方案		
课前思考	①蜡镶石膏铸型与普通石膏铸型相比有何特点? ②蜡镶石膏铸型的焙烧有何特殊要求?		
班级		组长	
教师签字		日期	

5.2.3 任务实施

本任务采用蜡镶钻石的戒指组成的蜡树,采用一体式单盅真空开粉机制作石膏铸型。其制作过程与普通石膏铸型的相同之处,可参见 5.1.3,此处不一一赘述。

1. 准备工作

用直尺测量蜡树的外周直径和高度,选择合适的钢盅,将蜡树的橡胶底座套入钢盅口沿,并使蜡树保持竖直。组装后的钢盅应能够顺利放入灌浆桶内,且高度不超过灌浆桶高度的3/4,如图5-22所示。

2. 称料

按照100ml水加入2~3g硼酸粉的比例,分别称量去离子水和硼酸粉,将硼酸粉加入水中,搅拌,得到硼酸水溶液。

根据钢盅的容积计算所需的浆料量,按照39ml硼酸水溶液/100g粉的水粉比来混制浆料,分别称取相应量的铸粉和硼酸水溶液。

图5-22 蜡树、钢盅和灌浆桶

3. 混浆、一次脱泡

将硼酸水溶液倒入混浆桶内,将铸粉缓慢倒入去离子水中,盖上盖子,接抽真空气管。开启搅拌器进行搅拌,时间为3~4min,一直按照同一个方向保持搅拌(图5-23),浆料在真空作用下不断脱除气泡,如视频5-3所示。

图5-23 真空下混浆

视频5-3 搅拌、一次脱泡演示

4. 灌浆

浆料搅拌好后取下混浆桶,换上装有蜡树和钢盅的灌注真空罐,如图5-24所示。将浆料平稳灌入钢盅内,以减少充填时卷入的气体量。要注意尽量避免浆料直冲蜡镶工件,以免发生宝石或蜡模脱落的问题。

5. 二次脱泡

盖上盖子,开始抽真空,对浆料进行二次脱泡,时间为 2~3min,如图 5-25 所示,注意避免在浆料过于黏稠的状态下抽真空。二次脱泡演示见视频 5-4。

视频 5-4　二次脱泡演示

图 5-24　灌浆

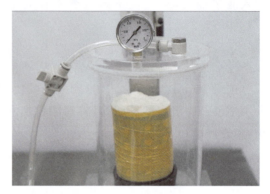

图 5-25　二次脱泡

6. 静置

将真空灌浆桶内的真空破除,取出铸型,放置在平整的台面上,静置 1.5~2h。

7. 蒸汽脱蜡

先在蒸汽脱蜡炉内充入足够的水,开启加热装置,当水沸腾后,将铸型倒置放入脱蜡箱内,如图 5-26 所示,利用蒸汽使铸型内的蜡模熔化,流出铸型。时间应控制在 60min 左右,不可过长,以免削弱硼酸对宝石表面的保护作用。

图 5-26　蒸汽脱蜡

8. 铸型焙烧

优先采用旋转焙烧炉,将铸型放在转盘架上,保持浇注口朝下,如图 5-27 所示。设置蜡镶铸型焙烧制度,如图 5-28 所示。

图 5-27　铸型在旋转焙烧炉内的放置方式

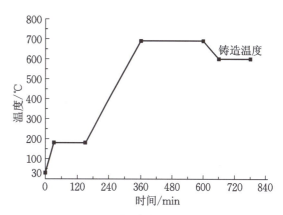

图 5-28　蜡镶铸型焙烧制度

9. 结束工作

铸型制作任务完毕后,关闭相关电源,将设备和工作场所清理干净,并将工具和材料放到指定位置。

5.2.4　任务评价

如表 5-4 所示,学生根据自身完成任务及课堂表现情况进行自评,之后教师进行评价打分。

表 5-4　任务评价单

评价标准	分值	学生自评	教师评分
铸粉用量计算的准确度	10		
铸型完成质量	40		
分工协作情况	10		

表5-4（续）

评价标准	分值	学生自评	教师评分
安全操作情况	10		
场地卫生	10		
回答问题的准确性	20		

5.2.5 课后拓展

1．吊坠微钉蜡镶合成立方氧化锆的铸型制作

（1）根据吊坠微钉蜡镶合成立方氧化锆的蜡树外形尺寸，选择合适的钢盅和橡胶底座。

（2）计算铸型需要的浆料体积，并根据气温和湿度拟定水粉比，计算所需的铸粉和水的量。

（3）按照工艺要求混制蜡镶铸型浆料和制作铸型。

2．小组讨论

（1）蜡镶宝石铸造中，宝石存在哪些风险？

（2）蜡镶宝石的铸型制作中，对宝石有何要求？

（3）蜡镶宝石铸造中，如何对宝石进行保护？

▶▶ 任务5.3　酸黏结陶瓷铸型的制作 ◀◀

5.3.1 背景知识

1．酸黏结铸粉

1）基本组成

石膏铸粉热稳定性差，只适合熔点不太高的金属铸造成型。对于铂金、钯金、不锈钢等高熔点的金属材料，采用石膏型铸造时将引起严重的铸型分解反应，因此必须采用热稳定性更好的铸型材料。

酸黏结铸粉是目前用于该类首饰铸造的主要铸型材料，由黏结剂、耐火填料和改性剂等组成。黏结剂采用磷酸或者磷酸盐，耐火填料一般采用石英粉和方石英粉，改性剂包括润湿剂、消泡剂、悬浮剂等。

2)铸型膨胀率

利用酸黏结铸粉制作的铸型在固化、烧结的过程中会有一定的膨胀率,膨胀率的大小与铸件的精度有密切关系。总膨胀率由三部分组成——凝固膨胀率、吸湿膨胀率和热膨胀率,总膨胀率一般在 1.3%~2.0% 之间。

凝固膨胀是由 $NH_4MgPO_4 \cdot 6H_2O$ 的针状及柱状结晶形成的,黏结剂含量越高,凝固膨胀率越大。当黏结剂含量一定时,MgO 和 $NH_4H_2PO_4$ 的质量比影响凝固膨胀率及凝固时间。当其比例为 6:14 时,比 10:10 有更大的凝固膨胀率和更长的凝固时间。填料的颗粒尺寸也影响凝固膨胀率,当其他条件保持不变时,SO_2 颗粒大小混合分布的铸粉,其凝固膨胀率会高于单一颗粒分布的铸粉。

酸黏结铸粉浆料初凝后,若再与水接触,可获得进一步的膨胀,即为吸湿膨胀。吸湿膨胀率在总膨胀率中所占比例很小。

酸黏结铸粉的热膨胀主要来源于 SO_2 的膨胀,它较凝固膨胀稳定。方石英的热膨胀率明显大于石英,因而铸粉中填料含量越多,方石英所占比例越大,则热膨胀率越大。另外粉液比大者,热膨胀率也高。

3)铸型强度

利用酸黏结铸粉制作的铸型,经高温焙烧后整体强度比石膏铸型要高得多,因而在浇注时承受金属液冲刷的能力优于石膏铸型,铸件表面光洁度高,出现砂眼、披锋等缺陷的概率较低。

但是,酸黏结陶瓷铸型的残留强度较高,这大大增加了从铸型中清理铸件的难度。

2. 酸黏结铸粉浆料的性能

酸黏结陶瓷铸型配制的浆料具有较高的黏度,不易搅拌均匀,因而一般需要采用强力搅拌器进行搅拌,并且搅拌时间要适当延长,以获得均匀一致的浆料。

酸黏结陶瓷铸型属于沉淀型固结材料,需要放置十多个小时才能固结。为适应企业生产节奏,常需使用专业吸水纸来加速固结过程。吸水纸具有吸水性好、透水性高的优点,在成型过程中不易产生位移,可减少铸件表面披锋。

5.3.2 任务单

采用酸黏结铸粉制作铂金首饰的陶瓷铸型,任务单见表 5-5。

表 5-5 项目任务单

学习项目 5	铸型制作		
学习任务 3	酸黏结陶瓷铸型的制作	学时	1.5
任务描述	采用酸黏结铸粉混制浆料,灌注铸型,使铸型吸水固结,设置焙烧曲线,对铸型进行焙烧		

表5-5（续）

任务目标	①掌握酸黏结铸粉的浆料特性和黏结原理 ②会根据铸粉混制工艺要求来混制浆料 ③会对湿铸型进行吸水 ④会根据焙烧制度设置焙烧曲线	
对学生的要求	①熟悉酸黏结铸粉浆料的混制工艺要求并做好相应的准备工作 ②严格执行称量、混浆、灌注、脱泡、吸水、焙烧等工艺要求 ③按要求穿戴好劳动防护用品，注意安全操作 ④实训完毕后对工作场所进行清理，保持场地卫生	
明确实施计划	实施步骤	使用工具/材料
	准备工作	钢盅、吸水纸板、吸水纸内衬、宽胶带、圆锥形蜡浇口杯、蜡树
	称料	酸黏结铸粉、黏结剂浓缩液、去离子水、塑料容器
	混浆	大功率搅拌机
	一次脱泡	抽真空机
	灌浆	组装好的钢盅、浆料
	二次脱泡	抽真空机
	静置吸水	吸水粉等
	铸型焙烧	铲刀、焙烧炉
	结束工作	拖把、抹布
实施方式	3人为一小组，针对实施计划进行讨论，制订具体实施方案	
课前思考	①铂金首饰铸造为什么不能采用石膏铸型？ ②制作酸黏结陶瓷铸型时为何要吸水？	
班级		组长
教师签字		日期

5.3.3 任务实施

本任务采用铂金专用铸粉制作铸型，用于Pt950首饰的真空离心铸造成型。

1. 准备工作

采用吸水纸板作为铸型底托，在底托中心剪出一个直径25mm的圆孔，如图5-29所示，焙烧时蜡可以从这里排出型腔。在纸板的中心焊上一个直径25mm、高25mm的圆锥形浇口杯。将蜡树或蜡模固定在蜡浇口杯上，如图5-30所示。

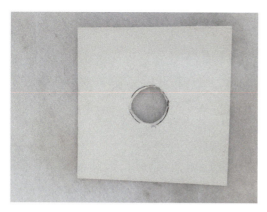

图 5-29 采用吸水纸板制作的底托

图 5-30 固定蜡树

根据蜡树选择合适的钢盅,蜡树高度应至少比钢盅低 25mm。因采用离心铸造方式,金属液冲刷力大,钢盅壁上不开孔。在钢盅内壁贴一层吸水纸,以加快固结过程(图 5-31),同时预留铸型焙烧过程中的热膨胀补偿间隙,方便铸造后脱模清理。用宽胶带在钢盅顶部围出 10～20mm 高的圆筒,以防止在抽真空时浆料溢出钢盅。

2. 称料

根据钢盅容积,计算所需浆料的体积,将计算结果放大 1.15 倍来备料。按黏结剂：水＝1：14 的体积比,将黏结剂浓缩液进行稀释。使用干净的塑料容器,将黏结剂加到去离子水中,搅拌均匀,如图 5-32 所示。按照 30ml：100g 的水粉比,分别称取稀释黏结剂水溶液及相应的铸粉量。

图 5-31 钢盅内衬吸水纸

图 5-32 稀释黏结剂

3. 混浆

使用大功率搅拌机,先将搅拌桶和搅拌液清理干净,加入称量好的稀释黏结剂水溶液,然后将铸粉缓慢加到液体中,慢速搅拌(图 5-33)。当铸粉开始变稀时,改为在中速下搅拌 10～15min。

4. 一次脱泡

将铸粉浆料放在抽真空机内抽真空,当浆料开始剧烈沸腾时,继续抽真空 1min (图 5-34)。

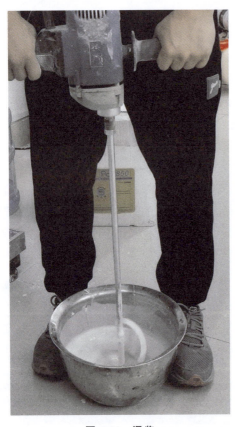 

图 5-33 混浆　　　　　　　　图 5-34 对铸粉浆料抽真空

5. 灌浆

将浆料灌注到钢盅内,要避免浆料直接冲刷蜡模。

6. 二次脱泡

将铸型放入抽真空机内,再次抽真空 1～2min,然后根据液面高度下降情况,补加浆料到与钢盅顶边齐平。

7. 静置吸水

在容器内放置一层吸水粉,厚度约 30mm,将其表面推平整。将铸型放置在吸水粉上等待固结(图 5-35)。

8. 铸型焙烧

待铸型固结后,去除其底部的吸水纸板,同时将钢盅顶部的胶带拆除。用铲刀将铸型顶面铲平。将铸型放入焙烧炉中,设置焙烧曲线,如图 5-36 所示。铸型焙烧后,型腔表面应该是纯白色的。

图 5-35 将铸型放在吸水粉上静置

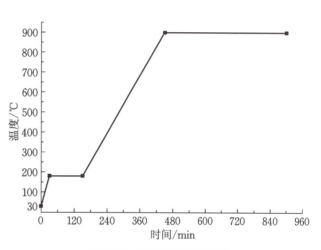

图 5-36 铂金铸型焙烧制度

9. 结束工作

铸型制作任务完毕后,关闭相关电源,将设备和工作场所清理干净,并把工具和材料放到指定位置。

5.3.4 任务评价

如表 5-6 所示,学生根据自身完成任务及课堂表现情况进行自评,之后教师进行评价打分。

表 5-6 任务评价单

评价标准	分值	学生自评	教师评分
铸粉用量计算的准确度	10		
铸型完成质量	40		

表5-6（续）

评价标准	分值	学生自评	教师评分
分工协作情况	10		
安全操作情况	10		
场地卫生	10		
回答问题的准确性	20		

5.3.5 课后拓展

1. 采用酸黏结铸粉制作不锈钢首饰铸型

（1）根据蜡树选择合适的钢盅，制作相应的吸水纸板和吸水内衬。
（2）按照工艺要求调配黏结剂稀释水溶液。
（3）按照钢盅大小计算所需的铸型浆料，称量铸粉和黏结剂水溶液。
（4）按工艺要求混制浆料和制作铸型。
（5）按工艺要求设置吸水时间。
（6）按工艺要求设定焙烧制度，对铸型进行焙烧。

2. 小组讨论

（1）酸黏结铸粉浆料的搅拌有何要求？
（2）酸黏结陶瓷铸型的焙烧有何特殊要求？

项目6 金属预熔

项目导读

首饰合金材料采用纯金属与中间合金按照要求的成色配制而成,直接将纯金属和中间合金熔合浇注时,容易产生成分不均匀、损耗严重、孔洞缺陷等问题,生产中一般需要将它们预先熔合,制成成分均匀、适合入炉的炉料。首饰合金预熔常见的方式有火枪熔炼和感应熔炼。熔化后的金属液被制作成铸锭或珠粒,铸锭经分解后可作为首饰铸造炉料,珠粒则可直接使用。

本项目通过3个典型任务及课后拓展任务,使学生掌握配料、火枪熔炼、感应熔炼的基本原理及操作技能。

学习目标

- 熟悉首饰金属材料的类别及基本性质
- 熟悉贵金属成色计算方法
- 熟悉火枪熔炼安全注意事项
- 熟悉金属感应熔炼原理
- 熟悉金属熔炼坩埚类别及特点

职业能力要求

- 掌握配料基本操作技能
- 掌握火枪熔炼基本操作技能
- 掌握感应熔炼基本操作技能
- 掌握铸锭制作基本操作技能
- 掌握金属熔炼损耗率计算方法

▶▶ 任务 6.1 配 料 ◀◀

6.1.1 背景知识

1. 首饰金属材料的类别

传统首饰材料以金、银、铂及其合金等贵金属材料为主。贵金属是指有色金属中密度大、产量低、价格昂贵的贵重金属,是金(Au)、银(Ag)、钌(Ru)、铑(Rh)、钯(Pd)、锇(Os)、铱(Ir)、铂(Pt)8种元素的统称。

随着生活水平的提高,首饰从过去注重保值增值功能向注重时尚装饰功能转化,首饰合金材料的类别愈加广泛,铜合金、不锈钢、钛合金、钴合金、锌合金等非贵金属材料也被广泛应用于首饰生产。

1) 黄金及其合金

黄金色泽美丽,化学稳定性好,具有很好的观赏收藏价值和保值增值作用,并且具有优异的延展性,自古以来就用作首饰、工艺品和纪念币等装饰材料及货币材料。金的熔点为1063℃,在室温时的密度为19.3g/cm³,具有明显的坠重感。

黄金的成色是指金的纯度,即金的最低质量含量。传统上黄金成色有3种表示方法,即百分率法、千分率法和K数法。百分率法以百分比率(%)表示黄金的含量;千分率法以千分比率(‰)表示黄金的含量;K数法源于英文词karat,是国际上通用的计算黄金纯度或成色的单位符号,简称K。

将黄金成色分为24等份,纯度最高者即纯金为24K,纯度最低者为1K。理论上纯金的纯度为100%,由24K=100%可以算出1K=4.166 666 66……%。由于1K的百分值是无限循环小数,因而世界上不同的国家和地区对1K的取值规定大小略有差别。

按照金的成色高低,首饰用金大致可以分为足金类和K金类两大类。目前,从金的含量来看,我国市场上用于制作足金首饰的材料主要有3种:"四九金",成色为99.99%,即24K金;"三九金",成色为99.9%,俗称"千足金";"二九金",成色99%,俗称"九九金"或"足金"。

纯金的强度和硬度过低,在纯金中加入一定比例的中间合金,构成相应成色的K金,可以增加黄金的强度与韧性,因而K金成为国际流行的首饰用金。这种添加到纯金或其他纯贵金属中的中间合金,俗称"补口",市场上有多种。图6-1是几种典型首饰金材料的外观。

(a) 纯金

(b) K黄金

（c）K白金

（d）K红金（玫瑰金）

图 6-1　几种典型首饰金材料的外观

由于东西方文化的差异，世界上不同国家和地区用于制作首饰和装饰品的金成色有差别。但是，作为首饰用金，世界各国规定并采用的成色都不低于 8K，且要保证各成色的最低金含量。首饰用金的常用成色如表 6-1 所示。

表 6-1　不同国家和地区首饰用金的常用成色

国家或地区	常用金成色	对应的最低含金量
中国	千足金,18K	千足金:99.9%;18K:75.0%
印度	22K	91.6%
阿拉伯国家	21K	87.5%
英国	以 9K 为主,少量 22K 和 18K	9K:37.5%;22K:91.6%;18K:75.0%
德国	8K,14K	8K:33.3%;14K:58.5%
美国	14K,18K	14K:58.5%;18K:75.0%
意大利、法国	18K	75.0%
俄罗斯	9K~18K	37.5%~75.0%
美国	10K~18K	41.6%~75.0%

国家标准《首饰　贵金属纯度的规定及命名方法》(GB 11887—2012)对贵金属首饰的纯度印记进行了规范，对于金首饰，采用纯度千分数(K 数)和金、Au 或 G 的组合。例如，对于成色为 18K 的金，可采用以下方式中的一种打印记：金 750(18K 金)，Au750(Au18K)，G750(G18K)。

2）银及其合金

银在首饰生产中应用量很大，它对可见光的反射率达到 94%，是所有金属元素中最高的,因而具有漂亮的白色。银的熔点为960.8℃,在室温时的密度为10.49g/cm³。

首饰用银按照成色有足银和色银两大类,前者的成色为含银量99%以上,后者有几种典型成色,应用最广泛的是925银,它既有一定的硬度,又有一定的韧性,比较适合制作戒指、项链、胸针、发夹等首饰,而且利于镶嵌宝石。此外,950银和980银有时也有应用。首饰用纯银及银合金的典型外观如图6-2所示。

(a) 纯银　　　　　　　　　　　　　　(b) 925银

图6-2　首饰用银及银合金

银的化学性质没有黄金稳定,若长期暴露在空气中,容易因氧化而失去光泽,所以在贵金属首饰中地位一直不高,属于低档贵金属首饰,比铂金和黄金的价值低。为改善银的抗变色性能,生产中采用抗变色银补口来配制银合金,市面上有多种商业抗变色银补口供应,厂家可根据产品的要求进行选择。

3)铂及其合金

铂的熔点为1 768.3℃,在室温时的密度为21.45g/cm³,比黄金还高,约为银的2倍,有明显的坠重感。铂对可见光全波段的反射率较高,且随着波长的增加反射率逐渐增加,因此呈现灰白色。

铂能够吸附气体,特别是氢气。铂吸附氢气的能力与其物质状态有关,铂黑(金属铂的极细粉末)最高能吸附相当于自身体积502倍的氢气。

铂具有极好的抗氧化性和抗腐蚀性,在常温下,盐酸、硝酸、硫酸及有机酸都不与铂发生反应。在高温下,碳会溶解在铂中,溶解度随温度升高而增加,降温时碳析出,使铂变脆,称为碳中毒。因此熔炼铂时,不能采用石墨坩埚,通常用刚玉或氧化锆坩埚,并在真空或惰性气体保护下熔炼。

铂金首饰又可分为不镶宝石的纯铂首饰和镶宝石的铂合金首饰两类。纯铂质地柔软,在制作首饰时,由于受到材料强度的限制,通常不镶嵌宝石。在铂中加入合金元素,可以提高其强度。用于铂合金化的金属元素有很多,不同合金元素对铂的强化效果有较大差别,同种合金元素的加入量不同,其强化效果也有不同程度的变化。首饰用纯铂及铂合金的典型外观如图6-3所示。

由于地域和首饰文化的差异,各国制定的市场纯度标准也不一样。日本允许的铂金纯度为1000‰、950‰、900‰和850‰四种,并允许误差为0.05‰。在美国,铂含量高于

（a）纯铂　　　　　　　　　　（b）Pt950

图 6-3　首饰用铂及铂合金

950‰的饰品，允许打"Pt"（PLATINUM 或 PLAT）的印记；铂含量在 750‰～950‰ 之间的饰品，必须打上铂族金属的印记，如"铱铂"（IR-10-PAT），表示含铱 10% 的铂合金。铂含量在 500‰～750‰ 之间的饰品，必须在吊牌上完整注明所含铂族金属的名称及含量，如 585PT365PALL（表示含铂 585‰，含钯 365‰）。欧洲大部分国家要求采用 950 纯度，其中少部分国家允许将铱量当铂量计算。德国允许有其他纯度的标准。我国国家标准《首饰　贵金属纯度的规定及命名方法》（GB 11887—2012）中规定，足铂的含铂量不小于 990‰，打"铂 990"（或 PT990、铂金 990、白金 990）印记。

4）铜及其合金

流行饰品中，特别是仿真饰品及许多的工艺饰品都采用铜及铜合金材料来制作。

纯铜是玫瑰红色的金属，表面形成氧化膜后，外观呈紫红色，故称紫铜。其密度为 8.9g/cm³，熔点为 1083℃。纯铜的特点是硬度较小，具有极好的塑性，可以承受各种形式的冷热压力加工，形成线材、管材、棒材和板材。纯铜的抗拉强度较低，不宜作结构材料，铸造性能差，熔化时易吸收一氧化碳和二氧化硫等气体，形成气孔。

铜合金的类别很多，对于当前的饰品用铜合金，国内外尚无专用的技术标准，通常沿用工业用铜合金牌号，而且应用十分混乱，影响了产品质量，因此饰品用铜合金需进一步规范化。用于饰品的铜合金主要有黄铜、白铜、青铜几类，典型外观如图 6-4 所示。

黄铜是以锌为主要合金元素的铜基合金，因常呈黄色而得名。黄铜色泽美观，有良好的工艺和力学性能，在大气、淡水和海水中耐腐蚀，易切削和抛光，焊接性好且价格便宜，在饰品行业使用广泛。根据黄铜的成分，又可以将其分为简单黄铜和特殊黄铜两大类。简单黄铜是铜与锌构成的二元合金。特殊黄铜是为改善简单黄铜的性能而在合金中加入锡、铝、硅、铁、锰、镍等其他元素构成的多元合金，并在黄铜的名称上冠以所加元素，称为锡黄铜、铝黄铜、锰黄铜、铝锰黄铜等。

黄铜一般以字母 H 来表示，H 后面的数字表示合金的含铜量，例如 H68 表示含铜量

图 6-4　常见的饰品用铜及铜合金

为 68% 的黄铜。用于铸造的黄铜，用 ZH 表示。其中 H62、H68 黄铜具有高的塑性和强度，成型性好，色泽美丽，近似 24K 黄金，是饰品用黄铜的主要品种。黄铜的性能与锌含量有密切关系，随着含锌量的增加，其色泽由紫红向黄、金黄、白色逐渐变化。一般来说，黄铜的凝固区间较小，因此液态金属流动性好，充型能力佳，缩松倾向小。熔炼时锌产生很大的蒸气压，能充分去除铜液中的气体，故黄铜中不易产生气孔。黄铜的熔炼温度比锡青铜低，熔铸较方便，不仅可以较容易地铸造细小的首饰件，也常用于铜工艺品的铸造。

白铜是在铜中加入能产生漂白作用的合金元素，使其呈现灰白色而得名。白铜的发明是我国古代冶金技术中的杰出成就，我国古代把白铜称为"鋈"。云南人发明和生产白铜，不仅在我国，在世界上也是最早的，这为国内外学术界所公认。古时云南所产的白铜也最有名，称为"云白铜"。我国古代制造的白铜器件，不仅销往国内各地，还远销国外。据考证，早在秦汉时期，在新疆西边的大夏国，便有白铜铸造的货币，含镍量达 20%，而从其形状、成分及当时历史条件等分析，很可能是从我国运去的。唐宋时期，中国白铜已远销阿拉伯一带，当时波斯人称白铜为"中国石"。大约 16 世纪以后，中国白铜运销到世界各地，博得了广泛的赞扬，它经广州出口，由英国东印度公司贩往欧洲销售。英文

"paktong"一词就是粤语"白铜"的音译,指产自云南的铜镍合金。17—18世纪,白铜大量传入欧洲,并被奉为珍品,称为"中国银"或"中国白铜",曾对西方近代化学工艺产生巨大影响。16世纪以后,欧洲的一些化学家、冶金学家开始研究和仿造中国白铜。1823年,德国的海宁格尔兄弟成功仿制出云南白铜。随即西方开始了大规模工业化生产,并将这种合金改名为"德国银"或"镍银"。

按照化学成分,白铜可分为简单白铜和复杂白铜两大类。普通白铜是以镍作为合金元素形成的二元合金,铜镍之间彼此可无限固溶,从而形成连续固溶体,即不论彼此的比例为多少,恒为α-单相合金。当把镍熔入紫铜里,含量超过16%时,产生的合金色泽就变得洁白如银,镍含量越高,颜色越白。纯铜加镍还能显著提高金属的强度、耐蚀性及硬度。普通白铜一般以字母B来表示,后面的数字表示镍含量,如B30表示含Ni 30%的铜镍合金。型号有B0.6、B19、B25、B30等。复杂白铜是在普通白铜中加入锰、铁、锌、铝等合金元素,以字母B和合金元素来表示,如BMn3-12表示含Ni 3%、含Mn 12%的铜镍锰合金。复杂白铜有铁白铜、锰白铜、锌白铜、铝白铜等类别。

白铜是一种很好的装饰材料,在饰品行业中应用广泛,常用来制作仿银、仿白金的饰品。由于镍对人体皮肤有致敏风险,因此需要开发无镍白铜。研究人员利用锰有对铜漂白或使铜褪色的特点,并充分发挥锌提高合金明度、减弱红色和改善熔铸性能的优点,开发出了多元无镍白色Cu-Mn-Zn合金系列,颜色呈银白色,冷热加工性能良好。

青铜是除黄铜和白铜外的其他铜合金的统称,有普通青铜和特殊青铜两大类。普通青铜是铜和锡的二元合金,也叫锡青铜。其主要特点是有良好的耐磨性,具有很高的耐蚀性能(但耐酸性差),具有足够的抗拉强度和一定的塑性,致密程度较低。青铜的牌号以"青"字的汉语拼音字首"Q"加锡元素和数字表示,如QSn6.5-0.4表示含锡6.5%,含磷0.4%的青铜。

锡青铜是人类历史上的一项伟大发明,它是纯铜和锡、铅的合金,也是金属冶铸史上最早的合金。锡青铜发明后,立刻盛行起来,从此人类历史进入新的阶段——青铜时代。青铜器,集造型、雕塑、绘画等多种艺术之成,具有极高的实用价值和艺术审美价值,如商代的"后母戊"青铜方鼎(曾称"司母戊鼎"),春秋战国时期的尊盘、编钟等,是中国文物艺术中的瑰宝,也是世界美术史上的精华。锡青铜凝固温度区间较大,达146℃,流动性虽不够理想,但若能控制好浇注温度,可以获得较好的充型性能;锡青铜液态金属的氧化倾向很小,铸造工艺简单,薄壁板形铸件采取垂直顶注的浇注方式,即便浇注落差很大,铸件内部的氧化类杂物也较少;锡青铜线收缩率比黄铜小,不会造成很大的收缩变形,从而保证了铸件的形状和尺寸精度;锡青铜金属液的凝固属糊状凝固方式,一般不会造成集中性缩孔,但容易出现分散性缩松,且铸件壁越厚,缩松倾向越大,壁越薄,金属组织越致密,力学性能越好;锡青铜具有热裂倾向,因此在铸造工艺上必须采取预防热裂的措施;锡青铜液态金属有吸气倾向,必须控制合金在熔炼过程中的温度和时间。

5)不锈钢

不锈钢是指在大气、水、酸、碱和盐等溶液,或其他腐蚀介质中具有一定化学稳定性的钢的总称。一般来讲,耐大气、蒸气和水等弱介质腐蚀的钢称为不锈钢,而将其中耐酸、碱和盐等侵蚀性介质腐蚀的钢称为耐蚀钢或耐酸钢。不锈钢具有不锈性,但不一定耐蚀，而耐蚀钢一般都具有较好的不锈性。

不锈钢的性能和显微组织主要是由各种元素决定的。目前，已知的化学元素有100多种，对不锈钢的性能和组织影响较大的元素有碳、铬、镍、锰、氮、钛、铌、钼、铜、铝、硅、钒、钨、硼等十多种。这些元素的加入，使得钢的内部组织发生变化，从而使钢具有特殊的性能。不锈钢按照合金成分大体可分为铬不锈钢、铬镍不锈钢和铬锰氮不锈钢三大类，按照显微结构（金相组织）可分为铁素体型不锈钢、马氏体型不锈钢、奥氏体型不锈钢及其他复相不锈钢等类别。

首饰用不锈钢有304、304L、316、316L等几种典型的钢种。304不锈钢是一种通用性的不锈钢，熔点为1454℃，密度为8g/cm³，它广泛地用于制作要求有良好综合性能（耐腐蚀和成型性）的设备和机件，其变种是低碳不锈钢304L。316不锈钢熔点为1398℃，密度为8g/cm³，在海洋和化学工业环境中的抗点腐蚀能力大大地优于304不锈钢。其中，316不锈钢的变种包括低碳不锈钢316L、含氮的高强度不锈钢316N以及含硫量较高的易切削不锈钢316F。作为首饰用材料，为保证其良好的耐蚀性，最好选用316L不锈钢，其外观如图6-5所示。

6) 钛合金

钛具有密度小、比强度高、耐高温、耐腐蚀等优良的特性。钛合金是制作火箭发动机壳体及人造卫星、宇宙飞船的好材料，有"太空金属"之称。由于钛的耐腐蚀性强、稳定性高，因而它在与人长期接触后不会造成人体过敏，它也是唯一对人类植物神经和味觉没有任何影响的金属。钛在医学上有着独特的用途，被称为"亲生物金属"。钛具有银灰色调，如图6-6所示，在镜面抛光、拉丝、喷砂方面都有很好的表现，是除贵金属以外最合适的饰用金属之一，在国外现代饰品设计中经常使用。

图6-5　316L不锈钢戒指

图6-6　首饰用纯钛

纯钛的密度为4.51g/cm³，熔点为1668℃，沸点为3287℃。由于钛的熔点很高，需要在高温下冶炼，而在高温下钛的化学性质又变得很活泼，因此冶炼要在惰性气体保护下进行，还要避免使用含氧材料，这就对冶炼设备、工艺提出了很高的要求。

2. 金属材料的颜色

对于首饰金属材料,颜色是重要的物理性能指标,与首饰的装饰效果密切相关。以金合金为例,为了对金合金的颜色和色泽进行比较,早期瑞士钟表工业制定了某些金合金的色泽标准。以此为基础,德国和法国扩充了瑞士钟表工业的色泽标准,先后制定了18K金的2N、3N、4N和5N颜色标准,随后又增补了3个14K金的0N、1N和8N颜色标准。在首饰生产中,不少首饰企业单纯依靠肉眼观察来判断合金的颜色,这样虽然直观简便,但是带有较强的主观性,难免出现首饰企业与客户之间因颜色判断不一致引起的异议甚至退货。为减少这方面的问题,部分首饰企业采取了一些措施,例如制作了一系列色版,交由客户确定后,再按确定的色版颜色进行批量生产;再如,有些厂家认识到光源对颜色判别的影响,对检验光源进行了改进和调整,有些企业引进了标准光源箱,规定在一定的色温和距离下进行检验,这些措施在一定程度上改善了过去对颜色检验的波动性,在首饰行业得到了较快推广。但是由于在颜色判别上还是借助肉眼,不可避免带来主观性和波动性,针对目视法检验合金颜色存在的问题,近年来,首饰行业内有少数企业开始引进分光测色计等专业颜色检测设备,对合金颜色进行定量检测。

3. 电子天平

珠宝首饰的质量一般都很轻,又涉及宝石和贵金属,因此用于检测质量的仪器要求非常精密,且在生产过程中要快速可靠地取得所需结果,传统的机械式称量仪器不能满足要求,目前均使用电子天平来称重。电子天平利用电磁力平衡物体重力的原理来称重,它是将称盘与通电线圈相连接,置于磁场中,当被称物置于称盘后,因重力向下,线圈上就会产生一个电磁力,该电磁力与称量物产生的重力大小相等,但方向相反。这时传感器输出电信号,经整流放大,改变线圈上的电流,直至线圈回位,其电流强度与被称物体的重力成正比。而这个重力正是物质的质量所产生的,由此产生的电信号通过模拟系统后,将被称物品的质量显示出来。与机械天平相比,电子天平具有称量速度快、分辨率高、可靠性好、操作简单、功能多样等特点。

用于配料的天平精度一般为0.01g,量程根据需要而定,以3200g为常见,其典型外形如图6-7所示。使用电子天平时,应将天平置于稳定的工作台上,避免振动、气流及阳光照射;使用前将水平仪的气泡调整至中间位置;称量具有腐蚀性的物品时,要盛放在密闭的容器中,以免腐蚀电子天平;称量时不可过载使用,以免损坏天平。电子天平应按计量部门规定进行周期检定,由专人保管并负责维护保养,保证其处于最佳状态。周期检定的

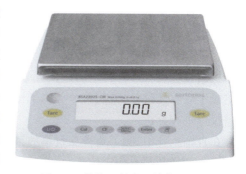

图6-7 首饰配料常用的电子天平

主要内容包括天平灵敏度和鉴别力、各载荷点的最大允许误差(称量线性误差)、重复性、

偏载或四角误差、配衡功能等。检定完毕后,应根据实际检定结果出具检定证书或检定标签。

4. 贵金属材料的成色及控制

对贵金属首饰来说,贵金属的纯度(即成色)一直是消费者关注的重点。不同国家或地区都已制定贵金属首饰成色方面的标准,要求某种成色的首饰必须保证相应的最低含量。

首饰配件材料的纯度应与主体一致,因强度和弹性的需要,允许配件的纯度略低于主体,但是必须符合最低要求,如成色不低于 22K 的金首饰,铂含量不低于 950‰ 的铂首饰,以及钯含量不低于 950‰ 的钯首饰,它们使用的配件的金、铂或钯的含量不得低于 900‰;足银首饰配件的银含量不得低于 925‰。

贵金属首饰材料中金、银、铂等的含量可以通过化学分析法或 X 射线荧光光谱分析法进行检测(图 6-8)。化学分析法属于有损检测,周期较长,精度相对较高;X 射线荧光光谱分析法属于无损检测,方便快捷,广泛应用于首饰生产过程的质量监控。

图 6-8　X 射线荧光光谱分析仪

X 射线荧光光谱分析的基本原理与电子探针类似,是测定受激发样品发射的特征 X 射线谱线的波长(或能量)及强度。X 射线荧光分析与此完全类似,但 X 射线荧光分析不同于电子探针的是,入射光本身就是 X 射线,被照射的样品吸收了初级 X 射线后,会受激发出次级 X 射线。各种次级 X 射线被称为 X 射线荧光,测定这种特征谱线的波长(或能量)和强度,就能测定元素的含量。

检测贵金属首饰材料中的杂质元素有几种方法可选,一般先要将材料溶解,然后用火焰原子吸收光谱分析仪、直流等离子体原子发射光谱分析仪、电感耦合等离子光谱仪、质谱仪等进行分析。

在首饰生产中,除了要检测材料的整体平均含量外,有时还需要借助电子探针、能谱仪等聚焦到样品某个特定的部位进行局部检测。例如,首饰在某个部位产生了断裂、硬点等缺陷,就可以运用探针来检测分析这些部位的成分。这点特别有实际意义,因为许多有害杂质元素容易偏析到晶界、晶格畸变部位等,使该处的杂质元素含量比平均含量高出很多倍,可能导致产品质量问题。

5. 分料用具

对于纯金、纯银、纯铂等原材料锭,以及金属树芯、树头等回用料,为便于配料,需要将它们分解成尺寸适合的小料。一般有两种分料用具:一种是手工剪钳,如图 6-9 所示,它有不同的规格,剪钳上有调节螺栓,可剪断块状、棒状、条状等材料;另一种是电动冲床,如图 6-10 所示,其工作原理是将圆周运动转换为直线运动,由主电动机出力,带动飞轮,经离合器带动齿轮、曲轴(或偏心齿轮)、连杆等运转,来实现滑块的直线运动,从主电动机到连杆的运动为圆周运动。

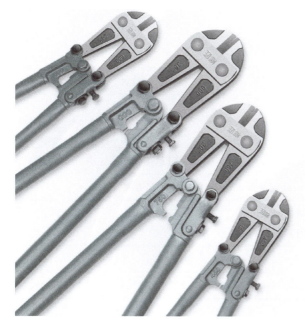
图 6-9 手工剪钳

图 6-10 电动冲床

采用手工剪钳剪断材料时,注意手指不能进入剪口范围内。采用电动冲床时,操作人员必须经过培训,熟悉操作规程并取得操作许可证才能独立操作。操作前,要检查冲床各传动、连接、润滑等部位及防护保险装置是否正常,装模具螺钉必须牢固,不得任意移动。开机前要注意润滑,清理杂物;空转 2~3min,检查脚闸等控制装置的灵活性,确认正常后方可使用。冲裁模具时要将上、下模对正并安装牢固,空转冲床试冲,确保模具处于良好的运行状态。冲裁短小材料时,应用专门工具,不得用手直接送料或取件。进行冲裁作业时,要注意工作姿势,保持身体平衡,防止摔倒;严禁将手或其他部位伸入冲床的工作区域;严禁在冲床运行过程中进行调整和维修。

6.1.2　任务单

利用纯金锭、补口配玫瑰金,使其成色为 18K,任务单如表 6-2 所示。

表 6-2 项目任务单

学习项目 6		金属预熔		
学习任务 1		配料	学时	0.5
任务描述	对纯金锭进行分解,按照工艺要求配入补口			
任务目标	①会采用轧压机或剪钳将纯金锭分解成适合入炉的料块 ②会按工艺要求正确配料			
对学生的要求	①熟悉 18K 金的物理性质及成色控制要求 ②严格执行操作工艺要求 ③严格执行安全操作规范 ④实训完毕后对工作场所进行清理,保持场地卫生			
明确实施计划	实施步骤		使用工具/材料	
	原材料准备		轧压机、剪钳、纯金锭	
	配料		电子天平	
	结束工作		拖把、抹布	
实施方式	3 人为一小组,针对实施计划进行讨论,制订具体实施方案			
课前思考	①配料时如何保证贵金属的成色? ②合金的颜色受哪些因素的影响?			
班级			组长	
教师签字			日期	

6.1.3 任务实施

本任务采用纯金锭、补口配 18K 玫瑰金。

1. 原材料准备

由于纯金锭尺寸较大,需要先将其分解成小料块,方便准确配料和入炉熔炼。可以采用大剪钳将纯金锭剪成 30mm×30mm 以下的小块状,如图 6-11 所示。操作时将剪钳侧立,一端放置地上固定,另一端向上提起使钳口打开,手持金锭放入钳口,确定剪断位置后,按住上方的钳柄向下施力进行剪切。若一次未剪断,可以将金锭反转,在原剪口位置再次剪切,如此反复,直至剪断。注意,操作时不可以将手指放入钳口范围内。

也可以采用轧压机将纯金锭的厚度压薄,然后用小剪钳将金片剪成小片,如图 6-12 所示。

2. 配料

对于 18K 玫瑰金,最低成色为 75% 的含金量。为避免生产中可能出现的成分波动导致成色不达标的风险,企业在配料时会建立内控标准,按照75.2%~76.0%的含金量进行配料,即在新料配制中,每100g新料中配入75.2~76.0g的纯金,其余为补口,如图6-13所示。

图6-11　用大剪钳开料

图6-12　用轧压机开料

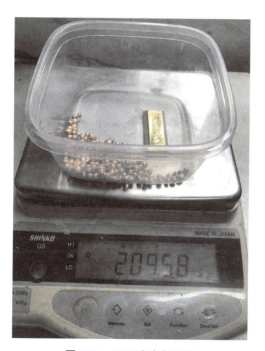

图6-13　18K玫瑰金配料

3. 结束工作

配料完成后,将贵金属材料上交,关闭电子天平,清理工作场所。

6.1.4　任务评价

如表6-3所示,学生根据自身完成任务及课堂表现情况进行自评,之后教师进行评价打分。

表 6-3　任务评价单

评价标准	分值	学生自评	教师评分
会正确计算金属炉料量及配比	20		
会正确进行配料操作	30		
分工协作情况	10		
安全操作情况	10		
场地卫生	10		
回答问题的准确性	20		

6.1.5　课后拓展

1. 采用纯银锭、补口配 925 银

(1) 将纯银锭分解为尺寸合适的块料。
(2) 按照工艺要求配料。

2. 小组讨论

(1) 电子天平的使用注意事项有哪些？
(2) 为何企业要建立贵金属成色的内控标准？

任务 6.2　火枪熔炼

对于采用纯贵金属、补口以及回炉料配成的炉料，为保证合金成分均匀，保持生产质量的稳定性，通常先将炉料预熔，将其制成适合配料和入炉的小料。预熔的方式有火枪熔炼和感应熔炼两类。

6.2.1　背景知识

1. 首饰金属材料的熔点与熔化温度范围

熔点是指物体从固态转变（熔化）为液态的温度，而由液态转为固态的温度，则称之为凝固点。对于纯金属而言，在一定的环境条件下，其熔点是固定的。不同类别的纯金属材料，熔点大都存在差异，甚至差异很大，例如纯银与纯铂的熔点相差超过 800℃。当在纯金属材料中添加其他合金元素构成合金材料时，由于合金元素的原子进入基体材料的晶格中，引起晶格畸变，使金属整体内能增大，导致材料的熔点与纯金属有不同程度的差异。添加的合金元素种类和含量不同,对合金熔点的影响也存在差异。添加的合金元素为低熔点材料,或者可与基体材料存在共晶反应时,会使合金材料的熔点降低。一般来说,合金没有固定的熔点,而具有一定的熔化温度范围。

熔点对于金属首饰生产具有指导意义。金属材料要通过熔化来制备,金属液的黏度和流动性与其温度密切相关,而金属液温度确定的基础是合金的熔点。大部分首饰成型采用石膏型熔模铸造工艺生产,但石膏的热稳定性较差,在高温状态下会产生热分解,使铸件形成气孔和砂眼缺陷,因此石膏型铸造工艺对金属的熔点有要求,当材料(如铂金和钯金)的熔点过高时,不宜采用此种铸造工艺。另外,首饰生产中要经常通过焊接修补缺陷或将部件组装在一起,基体材料和焊接材料的熔点也是一个重要的工艺参数。一般来说,金属的熔点低,冶炼、铸造和焊接都易于进行。

2. 熔炼条件

1) 燃具

熔炼一般采用传统的火焰熔炼方式,而火枪是基本的火焰熔炼工具。用于熔炼的火枪一般为射吸式火枪,分单管式和双管式两类,其外形及组件如图6-14所示。单管式火枪最常用,大多使用液化天然气作为燃气,可满足金、银、铜等中低熔点首饰材料的熔炼;双管式火枪采用乙炔作为燃气,主要用于铂、钯等高熔点首饰合金的熔炼。通过燃气与氧气阀门的联合调节,可以控制火焰的大小、性质和形状。

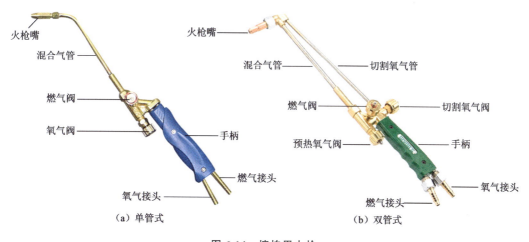

图6-14 熔炼用火枪

火焰是在燃气和氧气混合后迅速转变为燃烧产物的化学过程中出现的可见光,包括中性焰、碳化焰和氧化焰3种类型(图6-15)。中性焰是氧气与燃气的混合比为1.1~1.2时燃烧所形成的火焰,它有一个很清晰的焰心,对熔化了的金属既没有氧化作用,也没有碳化作用,适用于大多数金属及其合金的熔炼。碳化焰是氧气与燃气的混合比小于1.1时的火焰。过剩的燃气在火焰的高温中分解出游离碳,因此在焰心周围出现内焰,其长度是焰心的2~3倍。氧化焰是氧气与燃气的混合比大于1.2时的火焰,火焰中含有过量的氧,内焰几乎消失,氧化反应剧烈,熔炼时金属易被氧化。在焰心中主要是燃气分解产生游离高温单质碳和氢气的过程,高温下的碳放出强烈的白光,因此看到的焰心是白色的烁亮体。内焰是炽热的碳和氧气燃烧产生一氧化碳的区域,温度最低。外焰是一氧化碳和氢气与空气燃烧的区域,温度最高。

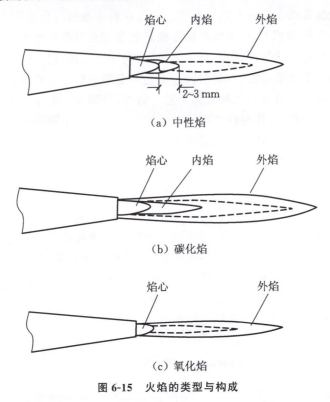

图 6-15　火焰的类型与构成

2) 燃气

燃气的性质与流量、氧气的纯度与流量都会影响火焰的性质。首饰生产中火枪熔炼金属材料的燃气主要有两种:一种是乙炔;另一种是液化石油气。乙炔是一种有机化合物,化学式为 C_2H_2,俗称风煤或电石气,是炔烃化合物中体积最小的一员,在常温常压下为无色气体,易燃,在液态和固态下或在气态和一定压力下有猛烈爆炸的危险,受热、震动、电火花等因素都可以引发爆炸,因此不能在加压液化后储存或运输。液化石油气是油田开发或炼油厂裂化石油的副产品,其主要成分是丙烷(C_3H_8)、丁烷(C_4H_{10})和其他一些少量的碳氢化合物。在常温常压下,组成液化石油气的碳氢化合物以气态存在,但若加上 0.8~1.5MPa 的压力,就变成液态,便于装入瓶中储存和运输。液化石油气与空气或氧气构成具有爆炸性的混合气体,但爆炸危险的混合比值范围比乙炔小得多,而且燃点比乙炔高,因此使用时比乙炔更安全。乙炔和液化石油气主要成分的物理化学性能如表 6-4 所示。火焰为中性焰时,丙烷在焰心区域分解是吸收热量过程,内焰产生的能量被焰心分解所消耗后,焰心和内焰的热量占总热量的 9%,相比之下仅为乙炔在内焰和焰心热量的 49%,而外焰长度是氧乙炔火焰外焰长度的 2.3 倍,此时火焰的外焰体积大,范围广,但是温度很低。因此,要通过增加预热氧的比例来调整火焰长度,使外焰的燃烧变成部分预混大气的扩散式燃烧过程。

表 6-4　乙炔和液化石油气主要成分的物理化学性能

指标	乙炔	丙烷	丁烷
分子式	C_2H_2	C_3H_8	C_4H_{10}
分子量	26	44	58
密度(15.6℃)/(kg·m^{-3})	1.099	1.818	2.460
与空气的相对密度(15.6℃)	0.906	1.520	2.010
总热值/(kJ·kg^{-1})	50 208	51 212	49 380
中性焰耗氧量/m^3	2.5	5	6.5
中性焰温度(与氧气燃烧)/℃	3100	2520	—
火焰燃烧速度(与氧气燃烧)/(m·s^{-1})	8	4	
0.1MPa下着火温度(氧气中)/℃	416～440	490～570	610

3) 储气瓶

首饰生产中,火枪熔炼使用的燃气主要有液化石油气和乙炔,并使用氧气助燃。它们均需要用气瓶储存和运输。

氧气瓶是一种储存和运输氧气的专用高压容器,通常用优质碳素钢或低合金结构钢轧制成无缝圆柱形容器,如图 6-16 所示。常用气瓶容积为 40L,瓶内氧气压力为 15MPa,可以储存 6m^3 的氧气。氧气瓶在出厂前,除需对氧气瓶的各个部件进行严格检查外,还需对瓶体进行水压试验,一般试验的压力为工作压力的 1.5 倍。同时在瓶体上部球面部位作明显的标志,标明瓶号、工作压力和试验压力、下次试压日期、检查员的钢印、制造厂检验部门的钢印、瓶的容量和质量、制造厂、出厂日期等。此外,氧气瓶在使用过程中必须定期作内外部表面检查和水压试验。氧气瓶表面为天蓝色,并用黑漆标明"氧气"字样。

图 6-16　氧气瓶

乙炔瓶是储存和运输乙炔气的专用容器,其外形与氧气瓶相似。它的构造比氧气瓶复杂,主要因为乙炔不能以高压压入普通气瓶内,而必须利用乙炔能溶解于丙酮的特性,先在钢瓶中装满石棉等多孔物质,使多孔物质吸收丙酮后,再将乙炔压入,以便储存和运输。乙炔的瓶体由优质碳素结构钢或低合金结构钢经轧制焊接而成。乙炔瓶的容积为40L,一般瓶内能溶解6~7kg的乙炔。乙炔瓶的工作压力为1.5MPa,水压试验的压力为6MPa。乙炔瓶表面为白色,并标注红色的"乙炔"和"不可近火"字样,橡胶气管一般为黑色,如图6-17所示。

液化石油气瓶是贮存液化石油气的专用容器。按用量及使用方法不同,气瓶贮存量分别为10kg、15kg、36kg等多种规格。气瓶材质选用16Mn、A3钢或20号优质碳素钢制成。气瓶的最大工作压力为1.6MPa,水压试验的压力为3MPa。气瓶通过试验鉴定后,也需要在其金属铭牌上标示和氧气瓶表面类似的内容。气瓶表面的颜色不限,有"液化石油气"字样,如图6-18所示。

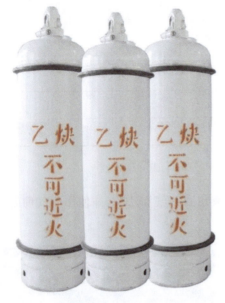

图6-17 乙炔气瓶

图6-18 液化石油气瓶

4) 坩埚及辅具

火枪熔炼坩埚主要有黏土质和高纯石英质两类,前者的耐高温性和抗热震性不佳,容易开裂,导致金属液侵入坩埚内壁,因此现在应用较少,而以高纯石英质为主。石英熔炼坩埚可用于金、银、铂、铜等金属熔化,以精选熔融石英为主要原料,SiO_2含量大于99%,采用现代陶瓷加工技术制成,可耐1800℃高温,耐侵蚀,强度高,常温抗压强度达到70MPa以上,抗热震性强,在1100℃淬火急冷多次也不开裂,使用寿命长。坩埚一般为碗状,设圆弧形流金口,方便倾倒,使金属液不易洒漏。坩埚有多种规格,如图6-19所示。

在金属熔化成液体后,采用玻璃棒进行搅拌、撇渣。火枪熔炼用玻璃棒常见规

图6-19 火枪熔炼用石英坩埚

格为直径 9mm、长度 400mm 的圆棒,有乳白色和全透明两种,如图 6-20 所示,前者以脉石英、石英砂为原料经高温熔制而成,呈不透明的乳白状;后者只有极少量气泡,有相当高的光学均匀性和透明度。石英玻璃棒具有优良的耐腐蚀、耐高温和抗热震性能。

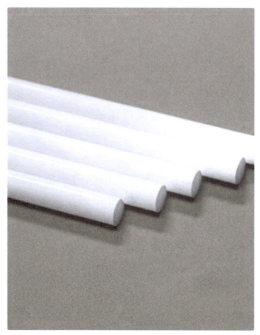 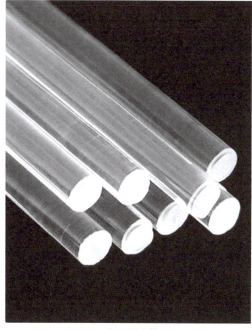

(a)乳白款　　　　　　　　　　　(b)透明款

图 6-20　搅拌、撇渣用石英玻璃棒

将坩埚内的金属液进行摇匀、倾倒等操作,需要用到坩埚钳,如图 6-21 所示。

图 6-21　火枪熔炼用坩埚钳

5)助熔造渣剂

当金属接近熔化时,一般在其表面撒少量助熔造渣剂,它不但可以助熔,还可在金属液表面形成保护层,防止金属被氧化,并聚集金属液面的熔渣。硼砂,即十水合四硼酸钠

($Na_2B_4O_7 \cdot 10H_2O$),是金、银、铜等首饰合金熔炼中良好的助熔造渣剂,熔点低,在煅烧至 320℃时,失去结晶水变成多孔状物质,在加热熔融后具有较好的流动性,覆盖于金属熔体表面,具有防吸气和防金属氧化的作用,且可分离出硼酸酐(B_2O_3)。硼酸酐在高温状态下极不稳定,在分离出的瞬间,即与金属氧化物发生强烈反应。反应化学方程式如下:

$$Na_2B_4O_7 \longrightarrow Na_2O \cdot B_2O_3 + B_2O_3$$

$$B_2O_3 + MeO \longrightarrow MeO \cdot B_2O_3$$

$$Na_2O \cdot B_2O_3 + MeO \cdot B_2O_3 \longrightarrow Na_2O \cdot MeO(B_2O_3)_2$$

这很大程度上减少了金属氧化物生成的渣量,有效降低了金属损耗量。

3. 油槽

经火枪熔炼好的金属液,一般将其浇注成条状铸锭。生产中常使用油槽来浇注,如图 6-22 所示,主要有两类材质:一类是钢(铁)质,油槽附带条状铁块,可根据金属的质量和尺寸要求来调节铸槽的长度及宽度;另一类是石墨质。之所以俗称油槽,是因为浇注前通常会在槽中倒入适量的食物油,以防止金属黏模并减少金属氧化。

(a) 钢(铁)质油槽　　　　　　　　　(b) 石墨质油槽

图 6-22　浇注铸锭用油槽

4. 安全注意事项

1) 氧气瓶安全注意事项

运送氧气瓶应使用专用车辆,禁止把氧气瓶和乙炔瓶或其他可燃气体同车运输。装车时应给氧气瓶装上瓶帽和防振橡胶圈,按同一方向卧放码齐,并加以固定,避免瓶体相互碰撞和受到剧烈振动。不得将氧气瓶放在地上滚动。

在生产场所,氧气瓶和乙炔发生器、易燃物品或者其他明火点的距离一般不得小于10m,当环境条件不允许时,应保证不小于5m,并须加强防护。使用时应尽可能把气瓶垂直放置并用支架固定,防止倾倒。

在瓶阀上安装减压器时,与阀口连接的螺母要拧紧,以防止开气时脱落,人体要避开阀门喷出方向。禁止带压拧动瓶阀螺杆,或采用猛击减压器的调节螺丝等方法来处理泄漏的气瓶。

夏天应防止气瓶受阳光曝晒,露天使用时应设临时棚、罩遮蔽。另外,还应防止直接受高温热源辐射,以免瓶内气体膨胀而发生爆炸。

在瓶阀上安装减压器之前,应拧开瓶阀,吹尽出气口内的杂质,并轻轻地关闭阀门。装上减压器后,要缓慢开启阀门,开得太快容易引起减压器燃烧和爆炸。严禁氧气瓶阀、氧气减压器、火枪、氧气胶管等粘上易燃物质和油脂等,以免引起火灾或爆炸。

气瓶中的氧气不允许全部用完,至少应留 0.1~0.2MPa 的剩余气体,以便充氧时鉴别气体的性质,同时防止空气或可燃气体倒流入氧气瓶内。燃气瓶要放置在通风良好的场所,不得靠近热源和电气设备。

氧气瓶在使用过程中应按《气瓶安全技术监察规程》(TSG R0006—2014)的规定,定期进行各项检查。不合格的不准继续使用。

2) 乙炔瓶安全注意事项

乙炔瓶不应遭受剧烈振动和撞击,以免引起乙炔瓶爆炸。乙炔瓶在使用时应直立放置,不能躺卧,以免丙酮流出,引起燃烧爆炸。乙炔减压器与乙炔瓶阀的连接必须可靠,严禁在漏气情况下使用。开启乙炔瓶阀时应缓慢,阀门的扭转幅度不要超过 1.5 转,一般只需开启 3/4 转。乙炔瓶体表面的温度不应超过 40℃,因为在高温状态下,乙炔在丙酮中的溶解度降低,而使瓶内乙炔压力急剧增高。乙炔瓶内的乙炔不能全部用完,最后必须留 0.03MPa 以上的气体。应将瓶阀关紧,防止泄漏。

3) 液化石油气瓶安全注意事项

应选用正规厂家生产、有产品合格证的液化石油气瓶,并进行定期检验。严禁使用不合格气瓶或者超期未检的气瓶。液化石油气瓶应轻拿轻放,严禁敲打、碰撞气瓶,气瓶与火枪连接好后,在第一次使用前应用肥皂水检查减压阀及胶管等连接处是否漏气,若发现漏气,应及时检修。液化石油气瓶角阀顺时针为开,逆时针为关,切莫搞错。气瓶必须直立使用,严禁横放或倒放。气瓶不得与其他明火同时在一房间使用。气瓶严禁在日光下曝晒,不要将气瓶放在温度过高的地方。气瓶应放置在防爆柜内,保证气瓶底部的空气流通。若在气瓶使用过程中发现气体泄漏,应立即关闭瓶阀,并打开门窗通风。胶管避免接触高温物体、热辐射,一般每隔两年应更换一次胶管。

4) 熔炼操作安全注意事项

操作人员必须经过专门培训,严格遵守操作规程,操作时穿戴好防护用品。同时,应在熔炼区域附近配备相应品种和数量的消防器材及泄漏应急处理设备。工作场所严禁吸烟。

使用射吸式火枪时,在装上燃气胶管之前,要先检查火枪的射吸力。检查方法:只接上氧气胶管,打开火枪上的燃气阀和(预热)氧气阀,将手指放在火枪的燃气进气口处,若感到有吸力,则表明射吸力良好。然后检查燃气胶管中有无燃气正常流出,再把燃气胶管装到火枪上。

火枪点火前,应检查其连接处和各气阀是否漏气。在氧气阀和燃气阀都开启后,禁止用手或其他物件堵住火枪嘴,以免氧气倒流入燃气供气系统造成回火。

点火时先开燃气,点着后再打开氧气阀调节火焰。这样,一发现回火迹象,可立即关闭氧气阀,将火熄灭。缺点是开始时火焰产生炭黑烟。若先略微打开氧气阀,再打开燃气阀,然后点火,可避免黑烟,但在射吸式火枪的工作场合,如果火枪内燃气有漏泄或枪嘴端部受堵,极易发生回火。点火前应把火枪朝外偏下,以免点火后火焰伤及身体。点火时应使用专用点火枪或打火机。不准将点燃的火枪随意放在工件上或地上。

一旦发生回火,应立即关闭燃气阀,再关氧气阀。待回火停止后,松开减压器,查明回火原因后才可重新点火。点火前要把胶管和火枪混合气管内烟灰吹除,并把火枪放入水中冷却。

射吸式单管火枪熄火时,应先关氧气阀,再关燃气阀。射吸式双管火枪熄火时,应先关切割氧气阀,再关燃气阀,最后关预热氧气阀。

火枪暂不使用时,不可将其放在坑道、地沟内或工件下面或锁在工具箱内,以免因气阀不严漏出燃气,燃气与空气混合,遇火星而发生爆炸。每天工作结束,应把减压器和火枪拆下,并将气瓶、气路等阀门关闭。

6.2.2 任务单

采用火枪熔炼18K白金,项目任务单如表6-5所示。

表6-5 项目任务单

学习项目6	金属预熔		
学习任务2	火枪熔炼	学时	1
任务描述	采用火枪熔炼金属炉料,浇注成铸锭,将铸锭分解成合适尺寸的小料		
任务目标	①会拟定熔炼工艺方案 ②会正确使用气瓶和火枪进行熔炼作业 ③会按照熔炼工艺要求进行搅拌清渣操作 ④会正确将金属液浇注成铸锭		
对学生的要求	①熟悉使用燃气瓶、氧气瓶、剪钳、冲床的安全注意事项 ②严格执行火枪熔炼工艺要求及安全操作规范 ③严格执行分料安全操作规范 ④按要求穿戴好劳动防护用品 ⑤实训完毕后对工作场所进行清理,保持场地卫生		

表6-5（续）

明确实施计划	实施步骤	使用工具/材料
	准备工作	油槽、植物油、坩埚、气瓶、火枪
	调节火焰	火枪、打火机
	熔化纯金	火枪、纯金料、硼砂粉
	熔化补口	火枪、补口、玻璃棒、硼砂粉
	浇注铸锭	油槽、火枪、坩埚钳
	分解铸锭	夹钳、水、洗洁精、吹风机、剪钳
	计算损耗率	电子天平
	检测成色	X射线荧光光谱分析仪
	结束工作	扫把、抹布
实施方式	3人为一小组，针对实施计划进行讨论，制订具体实施方案	
课前思考	①使用火枪熔炼时有哪些安全注意事项？ ②熔炼时如何安排加料顺序？ ③硼砂为何常用作首饰金属熔炼时的助熔剂？	
班级		组长
教师签字		日期

6.2.3 任务实施

本任务采用火枪、液化石油气和氧气熔炼18K白金。

1. 准备工作

清理浇注用的油槽，注意油槽内不可混入水，以及其他金属废料、杂质、熔渣等。根据铸锭所需尺寸，将调整铸锭尺寸用的钢块放置在油槽内，用火枪将油槽预热到200℃左右，往槽内倒入少量植物油，深度约3mm，如图6-23所示，使金属液倒入后，金属液顶面可被油浸没，减少铸锭表面的氧化。

准备熔炼用的坩埚，坩埚应按照材料类别分开专用，避免交叉污染，导致材料成色波动。使用新坩埚时，要先进行

图6-23 油槽的准备

"开埚"操作:用火枪均匀加热坩埚内壁,然后将硼砂粉撒到内壁,加入使之熔化,用坩埚钳夹住坩埚轻轻转动,直到在坩埚内壁形成均匀的釉面。对于已使用过的坩埚,使用前须检查有无开裂、金属料残留等问题,清理干净后使用。从已配好的炉料中,先取出纯金料,将其放入坩埚内。

2. 调节火焰

连接好火枪,按照安全操作规范打开燃气瓶和氧气瓶的减压阀。打开预热氧阀,将火枪气管内的杂气排除,然后关闭氧气,开微量燃气,用打火机点燃燃气,接着将燃气流量调大,同时调大氧气流量,两者交替进行,直至火枪嘴吹出的火焰有外焰、内焰、焰心三层结构,并伴随明显的气流声。

3. 熔化纯金

将火焰的外焰对准金料加热,当纯金料开始熔化时,往纯金料上撒一小匙硼砂粉,继续加热直至纯金料完全熔化。

4. 熔化补口

移开火焰,将炉料中的补口加入到纯金液中,然后将火焰对准金属料加热。为有效保护金属液,减少金属元素的氧化,要求使用黄色的中性焰,并往金属液面撒上1~2小匙硼砂粉。用玻璃棒搅拌金属液,探测补口是否完全熔化,同时不断搅拌金属液,加速补口的熔化,并促使成分及温度均匀,并将熔渣撒到坩埚壁上,如图6-24所示。

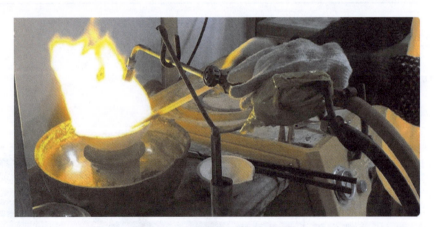

图6-24 火枪熔炼时搅拌金属液

5. 浇注铸锭

观察金属液面的状况,当其明亮似镜时,小心夹起坩埚,并轻轻涮动金属液,观察金属液的黏度和流动性。将坩埚稍微向流嘴方向倾斜,同时火焰也跟着移动以对流嘴加热。将坩埚流嘴对准油槽的一端,进一步倾斜坩埚,使金属液平稳倒入油槽中,同时沿着油槽长度方向均匀移动坩埚,缩短金属液在油槽中的流动路径。当金属液倾倒干净后,用火枪对着铸锭顶面来回加热一至两趟,使铸锭顶面凝固后更加顺滑致密,如图 6-25 所示。观察坩埚内壁是否有残留的金属珠,若有,需用火枪将金属珠熔化,吹向流嘴并回收。熔炼结束后,先将氧气阀关闭,再将燃气阀关闭,熄灭火焰。

图 6-25 浇注铸锭

6. 分解铸锭

待铸锭凝固且温度冷却到 300℃ 以下,用夹钳取出铸锭,淬入水中冷却。用洗洁精将铸锭表面清洗干净,然后用吹风机吹干。用剪钳将铸锭剪断成方便配料和入炉的小段。

7. 计算损耗率

使用电子天平对剪断的铸锭及熔炼尾料进行称重,并根据初始配料的质量计算熔炼损耗率。

$$熔炼损耗率 = \frac{初始配料质量 - 铸锭质量 - 熔炼尾料质量}{初始配料质量} \times 100\%$$

8. 检测成色

随机抽取铸锭段,采用 X 射线荧光光谱分析仪检测金含量,判断铸锭成色是否达标,以及均匀性如何。

9. 结束工作

预熔任务完成后,上交所有材料,将液化石油气、氧气瓶关闭,将火枪和气管收好并挂在指定位置,关闭相关电源,清理工作场所。

6.2.4 任务评价

如表 6-6 所示,学生根据自身完成任务及课堂表现情况进行自评,之后教师进行评价打分。

表 6-6 任务评价单

评价标准	分值	学生自评	教师评分
熔炼完成质量	40		
分工协作情况	10		
安全操作情况	20		
场地卫生	10		
回答问题的准确性	20		

6.2.5 课后拓展

1. 采用火枪熔炼方式,对 925 银新料进行预熔处理

(1) 放置气瓶并连接火枪。开启气瓶,点燃火枪并对火焰进行调节。
(2) 熔化纯银料。
(3) 熔化补口,助熔造渣,搅拌均匀。
(4) 将金属液浇注成条状铸锭。
(5) 将铸锭剪成长 50~100mm 的小段。

2. 小组讨论

(1) 如何防止火枪发生回火?
(2) 如何调节火焰的类型?
(3) 如何减少金属的熔炼损耗?

▶▶ 任务 6.3 感应熔炼 ◀◀

6.3.1 背景知识

1. 感应熔炼原理

感应熔炼的基本原理是交流电通过感应线圈时,在感应线圈内部空间中产生交变磁

场,使坩埚内的金属导体内部产生感应电动势,具有一定感应电动势的感应电流在金属料中形成涡流,依靠金属本身的电阻而产生热量使金属熔化,如图 6-26 所示。与其他熔炼方式相比,感应熔炼具有熔炼效率高、元素烧损少、控制和调整金属液成分及温度方便准确、操作维护简便等优点,在首饰铸造行业得到了广泛的应用。

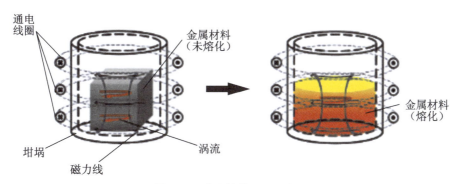

图 6-26　感应熔炼原理示意图

感应熔炼过程中,感应电流在金属中的分布是不均匀的,电流密度在炉料表面最大,越趋向内部,电流密度越小,即产生所谓的集肤效应。集肤效应与电流频率密切相关,电流频率越高,集肤效应越显著。显然,当坩埚容量大时,严重的集肤效应不利于熔炼。因此,坩埚容量与电流频率是有一定对应关系的,对于熔点较低的金、银、铜材料,熔炼量一般相对较大,主要采用中频感应电源;而对于熔点高的铂金材料,单次熔炼量小,多采用高频感应电源。

在感应熔炼中,金属液在电磁场作用下产生电动力效应,推动金属液循环运动,产生电磁搅拌作用,有利于金属液的温度和成分均匀,也有利于金属液中非金属夹杂物的上浮。电流频率越低,电磁搅拌作用越强。

2. 感应熔炼炉

感应熔炼炉利用感应电热效应完成金属的冶炼过程。感应熔炼炉的电路与变压器极为相似,初级线圈为感应圈,由线圈生成的交流磁场在炉料内感生电动势,产生焦耳热。电源一般分高频(10kHz 以上)、中频(50Hz～10kHz)和工频(50Hz 或 60Hz)三种。首饰材料熔炼中很少使用工频电源,以中频和高频电源为主。首饰生产中金属熔炼量都比较少,感应熔炼炉一般为一体式装置,由中频电源、补偿电容、炉体、感应线圈、水冷系统等组成,如图 6-27 所示。

熔炼时金属通过感应加热,然后传导到炉渣,所以炉渣温度较低,而且炉型结构决定了熔池与界面较小,这些都不利于熔池与炉渣间的物理化学反应,因此在感应熔炼中通过炉渣进行精炼的效果是不佳的,应尽量采用较好的原材料熔炼。

对于以贱金属为合金元素,尤其是含有钛、稀土等活泼金属的首饰材料而言,直接在大气下进行熔炼时,容易出现氧化损耗和降低冶金质量等问题,因此,在感应熔炼的基础上增加真空保护手段是业界广泛采用的方法,即在熔炼前先对熔炼室抽真空,然后在真

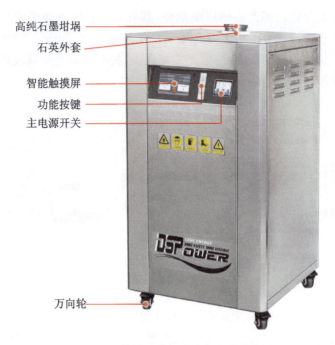

高纯石墨坩埚
石英外套
智能触摸屏
功能按键
主电源开关
万向轮

图 6-27　典型的首饰生产用感应熔炼炉

空下加热熔化,或者在抽真空后充入纯氩、纯氮等保护气体,这样可以大大减少活泼金属元素的氧化损耗,减少金属液吸气量,降低金属液中气体及非金属夹杂物的含量,提高冶金质量。

3. 造粒机

首饰行业非常关注贵金属成分的均匀性及冶金铸造质量,而铸造炉料的状态会对此产生影响。生产中除将金属材料预熔浇注成铸锭状外,还经常将其制作成小珠粒状。金属材料预熔粒化具有降低首饰铸造熔炼温度、促使金属料成色均匀、缩短熔炼时间、提高冶金质量等优点。粒化效果主要体现在颗粒形状、尺寸、金属质量、过程的稳定性等几个方面,良好的粒化效果既取决于合金材料的种类和性质,又取决于粒化装置的工作性能。粒化装置可以是单独的设备,但也经常见到有些铸造设备上附带了粒化装置。图 6-28 是一台专用的感应熔炼粒化机,它是在感应熔炼炉的基础上增加了液流淬水装置,当金属液从坩埚底部注孔漏出,注入到盛满水的不锈钢桶内,金属液流遇到冷水瞬间被分散,在表面张力作用下形

图 6-28　感应熔炼粒化机

成珠粒。

4．熔炼坩埚

依据首饰材料性质及金属液浇注方式，可以采用不同材质和结构的坩埚进行熔炼。熔炼对坩埚材质的要求主要体现在耐火度、致密度、热稳定性、与金属液的反应性等方面。常用的坩埚材质有石墨质和陶瓷质两类。

1）石墨坩埚

石墨坩埚在首饰铸造中应用广泛，具有耐火度高、导热性好、热效率高、热膨胀率低、抗热震性好、耐熔渣侵蚀等特点，对金属液具有一定的保护作用，可获得较好的冶金质量。石墨坩埚适合熔炼金、银、铜等材质，金属液在其表面具有良好的不润湿性，不会沾埚。石墨坩埚本身是导电的，当感应电流通过时，石墨由于自身的电阻会发热，对金属材料有辅助传热作用。石墨加热后会发生氧化，因此熔炼时需要配上石英外套使用，如图6-29所示，石英外套可起到一定的保护作用。对于倾倒浇注的坩埚，其底部是封闭的；对于底注式浇注的坩埚，其底部是开孔的，利用石墨塞杆控制底注孔的开启和闭合。

石墨坩埚的好坏跟它的材质、致密度等有关，由高纯石墨制作的坩埚质地致密，加热时氧化均匀，使用寿命长，不容易吸附金属，贵金属损耗低；由普通石墨制作的坩埚则颗粒粗，密度不均匀，使用寿命短，贵金属损耗高。生产时要优先选用高纯石墨坩埚。

2）陶瓷坩埚

熔炼铂金、钯金、不锈钢等首饰合金时，不适合采用石墨坩埚，因为这些金属材料会与碳发生反应，必须采用陶瓷坩埚。要满足熔炼要求，陶瓷坩埚应在耐火度、致密度、抗热震性、与金属液的反应性等方面具有较好的性能，目前行业内使用最广泛的是石英坩埚，根据熔炼量和浇注方式的不同，坩埚有多种结构和规格，如图6-30所示。

图6-29 石墨坩埚和石英外套

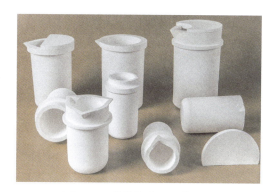

图6-30 首饰铸造用石英坩埚

石英坩埚的主要化学成分是二氧化硅，纯度对坩埚的使用性能影响很大。纯度是由原料决定的，石英坩埚用原料要求纯度高、一致性好，粒度分布均匀。有害成分高时会影响坩埚的熔制，影响其耐温性，还会出现气泡、色斑、脱皮等现象，严重影响石英坩埚质量。因此，要严格限制石英坩埚原料中的杂质元素含量。由于石英坩埚不导电，熔炼时坩埚本身不发热,金属只能通过感应涡流而加热。

5. 熔炼气氛

熔炼时气氛控制对金属液的质量影响很大,一般有真空熔炼、惰性气体保护熔炼、中性焰保护熔炼几种方式。真空熔炼有利于保证冶金质量,但是对铜合金,特别是含锌较高的黄铜合金而言,是不适合采用的,因为真空会加剧锌的挥发,导致金属损耗严重,成分波动大,而且熔炼烟气容易将真空系统损坏。因此,在感应熔炼铜合金时,要获得优良的冶金质量,一般采用氩气、氮气等惰性气体,或者采用中性焰,将金属液面隔离保护。

6.3.2 任务单

采用感应熔炼炉和石墨坩埚粒化机熔炼 18KY 金并制作珠粒,任务单如表 6-7 所示。

表 6-7 项目任务单

学习项目 6	金属预熔		
学习任务 3	感应熔炼	学时	1
任务描述	采用感应熔炼粒化机熔炼 18KY 金合金并制作珠粒		
任务目标	①会拟定熔炼工艺方案 ②会正确使用感应熔炼粒化机进行熔炼作业 ③会按照熔炼工艺要求进行搅拌清渣操作 ④会将金属液制作成珠粒		
对学生的要求	①熟悉使用感应熔炼粒化机的安全注意事项 ②严格执行感应熔炼工艺要求及安全操作规范 ③按要求穿戴好劳动防护用品 ④实训完毕后对工作场所进行清理,保持场地卫生		
明确实施计划	实施步骤	使用工具/材料	
	准备工作	石墨坩埚、保温棉、石英外套、热电偶、空气压缩机、清水、感应熔炼粒化机、冷水机	
	熔化纯金	感应熔炼粒化机、纯金块	
	熔化补口	补口、玻璃棒、硼砂粉	
	浇注造粒	感应熔炼粒化机	
	烘干珠粒	烘干炉	
	计算损耗率	电子天平、计算器	
	检测成色	X 射线荧光光谱分析仪	
	结束工作	抹布、拖把	

表6-7(续)

实施方式	3人为一小组,针对实施计划进行讨论,制订具体实施方案		
课前思考	①进行感应熔炼时有哪些安全注意事项? ②感应熔炼的原理是什么? ③使用石墨坩埚熔炼时为何要加石英外套?		
班级		组长	
教师签字		日期	

6.3.3 任务实施

采用感应熔炼粒化机制作18KY金珠粒。

1. 准备工作

用保温棉在石墨坩埚外壁缠绕一周,然后将坩埚塞入石英外套中,检查两者的适配情况,以石墨坩埚不晃动为佳,如图6-31所示,然后将坩埚放入感应线圈内。

将热电偶插入石墨塞杆的中心孔内,再将塞杆放入坩埚内。打开空气压缩机,开启气缸,将塞杆压紧,将坩埚的底注孔完全封闭,如图6-32所示。

图6-31 将石墨坩埚放入石英外套内

图6-32 安装石墨塞杆

向粒化桶内注入清水,直至水面略低于桶口沿。将粒化桶推入感应熔炼粒化机的预设位置,如图6-33所示。

开启冷水机,打开感应熔炼粒化机的电源开关,检查熔炼炉的指示灯是否正常,是否有水压过低的警示。

2. 熔化纯金

用设备仪表盘上的温控表将温度设定为1150℃,将电流控制旋钮调到最小。用加料斗将纯金块加入坩埚内,然后点"开始"按钮。按照顺时针方向调节电流,液晶屏上显示加热功率,如图6-34所示。注意:不能一下子将功率调到最大,避免造成过热。

图 6-33 安装粒化桶

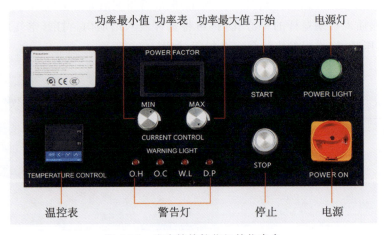

图 6-34 感应熔炼粒化机的仪表盘

3. 熔化补口

当纯金完全熔化后,将补口加入金属液中,补口熔清后,将温控表温度设定为 1050℃,让该温度保持 1~2min,并彻底搅拌均匀。

4. 浇注造粒

开启塞杆,金属液漏入粒化桶内,在淬入冷水的瞬间,受到周边冷水气化沸腾和空化力的作用,液流分散成细小液珠,液珠在表面张力作用下形成珠粒,如图 6-35、视频 6-1 所示。

图 6-35　金属液流入水中粒化

视频 6-1　入水粒化

5. 烘干珠粒

将接料斗从粒化桶中提出,水从缝隙处漏出。从粒化桶中取出珠粒,如图 6-36、视频 6-2 所示。将珠粒放入烘干炉中烘干。

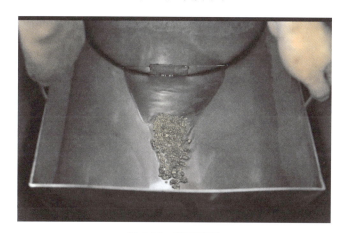

图 6-36　取出珠粒

视频 6-2　取出珠粒

6. 计算损耗率

将坩埚中残留的金属取出,分别称量珠粒和残留金属质量,与配料量进行对比,计算损耗率。

7. 检测成色

从珠粒中随机抽取样品,采用 X 射线荧光光谱分析仪检测成色。

8. 结束工作

预熔任务完成后,上交所有材料。保持冷水机处于开启状态,直到感应熔炼粒化机的温度显示在 100℃ 以下,方可关闭冷水机。关闭空气压缩机和相关电源。将各种工具收好放到指定位置,清理设备和工作场所。

6.3.4 任务评价

如表 6-8 所示,学生根据自身完成任务及课堂表现情况进行自评,之后教师进行评价打分。

表 6-8 任务评价单

评价标准	分值	学生自评	教师评分
熔炼完成质量	40		
分工协作情况	10		
安全操作情况	20		
场地卫生	10		
回答问题的准确性	20		

6.3.5 课后拓展

1. 采用感应熔炼方式对 925 银进行预熔处理

(1) 准备空气压缩机、冷却水,安装坩埚塞杆,安放粒化桶。
(2) 加入纯银料,进行熔化。
(3) 加入补口,进行熔化。
(4) 调整温度,浇注造粒。
(5) 计算金属损耗率。

2. 小组讨论

(1) 金属预熔过程中如何控制贵金属成色?
(2) 预熔过程中如何减少对石墨坩埚的烧损?
(3) 金属粒化的效果受哪些因素的影响?

项目7　熔铸成型

项目导读

　　首饰广泛采用熔铸成型,它是将金属炉料熔化并浇注到铸型中,冷凝后得到铸件的过程。首饰熔铸成型有手动操作和自动操作两种方式:前者是先采用火枪或感应熔炼炉将金属熔化,然后将其手工倾倒到铸型中;后者是在熔炼浇注一体化的自动铸造机里进行的。为获得优良的铸造效果,熔炼金属时常采用先抽真空再充入惰性气体保护的方式来改善熔炼质量,并借助程序设置来准确控制熔炼温度。由于首饰件的结构比较纤细,仅依靠重力浇注不能保证铸件充型及凝固补缩,需要引入外力来促使金属液充型,增加补缩压力。依据引入外力的方式,首饰浇注有真空吸铸、真空加压铸造、真空离心铸造等方式,生产中需要根据材料性质和产品结构特点,选择合适的熔炼和浇注工艺。另外,首饰生产中还经常采用型材(线材、管材等具有固定造型的材料)进行加工,型材主要通过金属液真空连续铸造来制备。金属炉料熔炼和浇注涉及材料、机械、冶金、铸造等多方面的学科知识,影响铸造质量的因素众多,需要制定科学的生产工艺,并严格执行工艺规范,才能保证优质稳定的铸造质量。

　　本项目通过5个典型任务及课后拓展任务,使学生掌握真空吸铸、真空加压铸造、真空离心铸造、真空连续铸造等的基本原理及操作技能。

学习目标

- 熟悉首饰金属材料的类别与铸造性能
- 熟悉真空熔炼原理
- 熟悉离心浇注原理
- 熟悉真空吸铸原理
- 熟悉真空加压铸造原理
- 熟悉真空连续铸造原理
- 了解熔炼和铸造工艺参数对铸件质量的影响

职业能力要求

- 会根据蜡料与金属炉料的密度计算配料量
- 会采用真空吸铸机浇注铸型

- 会采用真空加压铸造机熔炼和浇注成型
- 会采用真空离心铸造机熔炼和浇注成型
- 会采用真空连铸机铸造型材

▶▶任务 7.1 配 料◀◀

7.1.1 背景知识

1. 炉料组成

在首饰生产中,投入的材料并未全部转化为产品,而会产生各种废料,包括铸造时的浇注系统、冲压时的边角料、生产过程中的报废工件,等等,如图 7-1 所示。这些废料通常会被回收利用,以降低新料的投入量。

（a）浇注系统

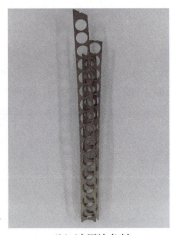
（b）冲压边角料

（c）报废工件

图 7-1 首饰生产中可供回用的废料

废料表面常存在脏污,例如,浇注系统表面残留石膏铸粉及氧化杂质,冲压边角料表面残留油污,报废工件中混有杂质,等等。如果不对其进行处理就直接回收利用,将对材料的成色和冶金质量造成影响。因此,对于生产过程中的废料,回用前要先确定其材料类别,避免出现混杂;清理废料要避免有氧化杂质、脏污等。

为保证产品质量的稳定性,在配料时需要正确处理新料与回用料的比例关系,许多补口供应商建议每次配料中回用料占比 30%。但是在实际生产中,除了部分简单件的铸造收得率较高外,许多产品的收得率只有 50% 左右甚至更低,若按照要求的回用比例,每天产生的大量回用料得不到及时回用而很快造成堆积,将给首饰生产企业带来突出的物料管理和生产成本问题。因此很多企业在配料时采用的回用料占比超过 50%,有时甚至高达70%。需要注意的是,合金在熔炼铸造中难免产生污染,若回用料占比过高,会使充型性能和合金的其他性能出现波动,合金中易挥发的元素会减少,增加氧化夹杂和浇不足缺陷出现的概率。

2. 密度

密度是物质单位体积所具有的质量,用符号 ρ 表示,在国际单位制和中国法定计量单位中,密度的单位为 kg/m^3,在生产中则经常使用 g/cm^3 这个单位。在金属材料中,一般密度小于 $5.0 \times 10^3 kg/m^3$ 的金属称为轻金属,反之称为重金属。按照这一归类方法,所有的贵金属首饰材料均属于重金属。

在贵金属首饰合金中,补口合金元素的选择范围较广,每种合金元素都有其原子质量和相应的密度,不同的补口组成,其密度将有所区别。同一类别的材料,其密度也不是一个常数,而受到材料的化学成分、内在结构等的影响。内在结构致密的材料,其密度要高出内部存在孔洞缺陷的材料。对于某种材料的首饰产品,如果检测到其密度比理论密度小,则可从侧面反映此产品的内在孔洞情况。温度、压力等外部环境因素的变化,也会在一定程度上影响材料密度,但影响程度与它们的范围有关。在常温下加热到一定温度,材料的密度一般随温度升高略有下降,而当温度达到金属熔点,金属熔化为液态后,材料的密度显著下降。

密度是材料的一个重要特性,可以利用密度来鉴别材料的种类,检测贵金属材料的金、银等含量,也可根据密度来判断材料是致密的还是空心或疏松的。在首饰铸造生产中,经常利用贵金属材料与蜡的相对密度来计算所需配料的量。

7.1.2 任务单

利用纯金锭、补口和回用料配玫瑰金,使其成色为18K,任务单如表7-1所示。

表7-1 项目任务单

学习项目7	熔铸成型		
学习任务1	配料	学时	0.5
任务描述	对回用料进行处理,按照工艺要求,配预熔料和回用料		
任务目标	①会将回用料按成色和补口类别正确归类 ②会采用喷砂机、磁力抛光机等设备将回用料表面清理干净 ③会采用剪钳、电动冲床等将炉料分解 ④会按工艺要求正确配料		
对学生的要求	①熟悉18K玫瑰金的物理性质及成色控制要求 ②严格执行回用料清理、配料等操作工艺要求 ③严格执行安全操作规范 ④实训完毕后对工作场所进行清理,保持场地卫生		

表7-1（续）

明确实施计划	实施步骤	使用工具/材料
	回用料清理	磁力抛光机、喷砂机、回用料
	新料预熔	电子天平、纯金锭、补口、熔金机、火枪、玻璃棒
	炉料分解	电动冲床、剪钳、预熔料、回用料
	配料	电子天平、计算器
	标注	料盆、油性笔
	结束工作	抹布、拖把
实施方式	3人为一小组，针对实施计划进行讨论，制订具体实施方案	
课前思考	①首饰生产中的回用料主要有哪些类别？ ②配料时如何保证贵金属的成色？ ③配料中新旧料比例的选择依据是什么？	
班级		组长	
教师签字		日期	

7.1.3 任务实施

本任务采用18K玫瑰金预熔料和回用料配料，使其成色为18K，颜色为玫瑰红色。

1. 回用料清理

检查回用料的类型，将成分明确的部分挑选出来，如金属树芯、浇注树头、残余水线、报废铸件等；再检查回用料的表面状况，存在残余铸粉、表面氧化皮、熔渣、油污等脏污的，应采用磁力抛光机或喷砂机将其表面清理干净，如图7-2所示。

图7-2 采用喷砂机清理金属树芯

2. 新料预熔

按照 18K 金的内控成色要求进行配料,具体操作参见项目 6。

3. 炉料分解

对于过大或过长的炉料,需要先将其分解成小料块,方便准确配料和入炉熔炼。可以采用大剪钳或电动冲床进行处理,操作方法参见项目 6。

4. 配料

查看各石膏铸型制作时称量的蜡树质量,按照蜡料与金属炉料的密度对比关系,计算本钢盅铸型所需的金属炉料。在本案例中,蜡树的质量为 30g,蜡的密度为 $0.95g/cm^3$,18K 玫瑰金的密度为 $16g/cm^3$,则需要配料 505g。为保证浇注后金属树头有一定高度,生产中一般在计算值的基础上再增加 20g 左右,即总配料量为 525g。

为保证冶金质量,同时避免废料积压,按照新料:旧料=6:4 的比例配置回用料。则新料配入量为 315g,回用料配入量为 210g。

5. 标注

将配好的炉料用料盆装好,写上材质、质量及钢盅号,由倒模人员领取。

6. 结束工作

配料完成后,将贵金属材料上交,关闭电子天平,清理工作场所。

7.1.4 任务评价

如表 7-2 所示,学生根据自身完成任务及课堂表现情况进行自评,之后教师进行评价打分。

表 7-2 任务评价单

评价标准	分值	学生自评	教师评分
会正确计算金属炉料量及配比	20		
会正确进行配料操作	30		
分工协作情况	10		
安全操作情况	10		
场地卫生	10		
回答问题的准确性	20		

7.1.5 课后拓展

1. 采用预熔珠粒和回用料配 925 银

（1）对回用料的表面进行清理。
（2）将回用料分解为适合的尺寸。
（3）根据铸型的蜡件质量，按照工艺要求配料。

2. 小组讨论

（1）首饰生产中应如何管理回用料？
（2）回用料的比例应如何控制？
（3）首饰生产过程中的废料是否都可以作为回用料，为什么？

▶▶ 任务 7.2　真空吸铸 ◀◀

7.2.1　背景知识

1. 金属液浇注方式

浇注是将金属液注入铸型型腔的过程。由于首饰件都是比较精细的产品，在浇注过程中金属液会很快地凝固而丧失流动性，因此常规的重力浇注难以保证成型，必须引入一定的外力，促使金属液迅速充填型腔，获得形状完整、轮廓清晰的铸件。

按照浇注过程中借助外力的方式，金属液浇注方式可分为离心浇注和真空吸铸两大类；按浇注自动化程度，它可分为手工浇注和铸造机自动浇注两大类。

1）离心浇注和真空吸铸

离心浇注是将金属液浇入旋转的铸型中，金属液在离心力的作用下充填铸型并凝固。离心浇注生产效率高，金属压力大，充填速度快，对铸件成型有利，特别适合浇注链节、耳钉等细小饰品，以及高熔点铂金首饰。与真空吸铸相比，传统离心铸造有一些弱点：由于充型速度快，浇注时金属液紊流严重，增加了卷入气体形成气孔的可能；型腔内气体的排出速度相对较慢，使铸型内的反压力高，出现气孔的概率随之增加；当充型压力过高时，金属液对型壁冲刷厉害，容易导致铸型开裂或剥落；另外，浇注时熔渣有可能随金属液一起进入型腔。由于离心力带来了较高的充型压力，为保证充型安全，利用离心浇注方式可铸造的最大金属量比真空吸铸要少。

真空吸铸是在铸造过程中采用外部真空泵将铸型内部压力降至低于外界气压，使金属液除自重外，还获得了额外的气压差来充填型腔。与离心铸造相比，真空吸铸的充型过程相对平缓,金属液对型壁的冲刷作用较小;由于抽真空的作用,型腔内气体反压力较小;一次铸造的最大金属量较多。因此,此种浇注方式在首饰铸造中得到了广泛应用,特别适合浇注大、中件饰品,如男戒、吊坠、手镯等。

2) 手工浇注和铸造机自动浇注

手工浇注一般与火枪熔炼或感应熔炼炉配合进行。金属液熔炼造渣精炼完毕后,将温度调整到浇注温度范围,然后从焙烧炉中取出铸型准备浇注。根据使用的设备类型,手工浇注主要有离心浇注和真空吸铸两类。手工离心浇注利用简单的机械传动式离心机,在一些小型首饰加工厂使用,它没有附带感应加热装置,利用氧气和液化石油气来熔化金属,或利用感应炉熔炼金属,然后将金属液倒入坩埚中进行离心浇注。手工负压浇注是最简单的真空吸铸方式,利用的设备是真空吸铸机,如图7-3所示,这种机器的主要构件是真空系统,不带加热熔炼装置,因此需要与火枪或熔金炉配合使用,熔炼完毕后人工将金属液倒入铸型内。其操作比较简单,生产效率较高,在中小型首饰加工厂得到了较广泛的应用。由于是在大气下浇注,金属液存在二次氧化吸气的问题,整个浇注过程包括浇注温度、浇注速度、压头高度、液面熔渣的处理等,是由操作者控制的,因此人为影响质量的因素较多。

图7-3 真空吸铸机

2. 金属液充型性能

金属液充满铸型型腔,获得形状完整、轮廓清晰的铸件的能力,称为金属液的充型性能。影响金属液充型性能的因素主要是金属液本身的流动性,以及铸型性质、浇注条件和铸件结构等。

1) 金属液本身的流动性对充型的影响

只有金属液完全填满型腔,才能获得良好的铸件,金属液这种充填能力,叫做流动性。液态金属的流动性是金属很重要的铸造性能之一。金属液流动性好,可以使气体和非金属夹杂物在浇注前去除,或在浇注及凝固过程中浮出,提高铸件内部质量,有利于获得尺寸精确、轮廓清晰的铸件，有利于铸件在凝固期间及时得到金属液补充，防止产生缩孔和缩松缺陷。

影响金属液流动性的内因主要是合金的化学成分，合金的流动性与成分之间存在着一定的规律性。比如，在相同的过热度下，纯金液的流动性要优于纯铂液。如果首饰材料中含有易氧化的合金元素，在熔炼时氧化成不溶性氧化夹杂物，则金属液的流动性会变差。总之，凡是能增加金属液与铸型摩擦阻力，或能引起金属温度下降的因素，都会降低金属液的流动性。

2）铸型性质对充型的影响

若铸型（如金属铸型）材料导热性好，则金属液浇入后散热快，保温时间短，流动性会急剧下降，充型能力随之下降；相反，若铸型（如石膏铸型）导热性差，则金属液降温慢，充型能力提高。预热铸型能减小金属液与铸型的温差，使金属液冷却速度减慢、液态时间延长，从而提高充型能力。铸型型腔内气体排出不畅时，会阻碍金属液流动。

3）浇注条件对充型的影响

提高浇注温度，有利于改善充型能力。金属液在流动方向上所受的压力越大，充型能力就越好。

4）铸件结构对充型的影响

在铸件体积和浇注条件相同时，当量厚度（铸件体积与表面积之比）大的铸件与铸型的接触表面积相对较小，热量散失较缓慢，充型能力较高。铸件的壁越薄，越不容易被充满。铸件越复杂，则铸型型腔结构越复杂、弯道多，流动阻力越大，铸型的充填就越困难。

3. 形成真空的途径

真空吸铸需要在铸型内形成从边缘向中心的负压梯度，为此，需要将铸型钢盅的结构进行一定的设置。图7-4是典型的真空吸铸用钢盅，它采用不锈钢管制作，在一端设有法兰盘，钢盅壁上钻出大量的透气孔。钢盅的法兰盘与吸铸机的真空室承口座配合，同时在两者之间设置石墨盘根（图7-5），形成相对密封的真空腔体。抽真空时，在石墨盘根的密封作用下，真空室处于真空状态，并形成了从钢盅边缘向其中心的负压梯度。由于焙烧铸型具有较高的温度，在浇注时需要使用钢盅钳来夹持铸型，如图7-6所示。

图7-4　不锈钢钢盅

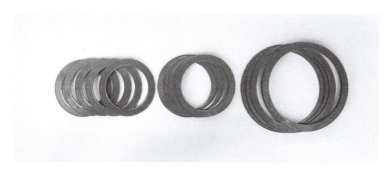

图 7-5　石墨盘根

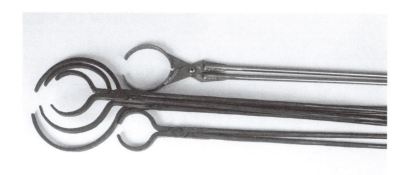

图 7-6　钢盅钳

7.2.2　任务单

明确如何进行石膏铸型的真空吸铸,根据实际情况制订如表 7-3 所示任务单。

表 7-3　项目任务单

学习项目7	熔铸成型		
学习任务2	真空吸铸	学时	1
任务描述	按照工艺要求,正确熔炼炉料,并采用真空吸铸机将金属液浇注到石膏型中		
任务目标	①会正确采用火枪熔炼或感应熔炼方式将炉料熔成金属液 ②会准确控制金属液熔炼温度 ③会根据首饰铸件材料和产品结构特点控制浇注温度 ④会将铸型正确放置在真空吸铸机中 ⑤会将金属液顺畅稳定地浇入型腔		
对学生的要求	①熟悉首饰真空吸铸的操作工艺要求,并做好相应的准备工作 ②严格执行金属熔炼、真空吸铸等工艺要求 ③按要求穿戴好劳动防护用品,注意安全操作 ④实训完毕后对工作场所进行清理,保持场地卫生		

表7-3（续）

	实施步骤	使用工具/材料
明确实施计划	核实材质和产品结构	已配好的炉料
	熔炼和浇注准备工作	熔炼坩埚、耐热垫板、感应电源、感应线圈、真空吸铸机、石墨盘根、石膏铸型、真空泵、真空油等
	熔炼炉料	黄铜炉料、熔炼炉、火枪、坩埚、玻璃棒、硼砂粉、碎木炭
	放置石膏铸型	石膏铸型、焙烧炉、钢盅钳
	浇注	玻璃棒、坩埚钳、坩埚、铸型
	取出铸型	抽真空机、钢盅钳、铸型
	结束工作	耐火棉、毛扫、吸尘机、抹布等
实施方式	3人为一小组，针对实施计划进行讨论，制订具体实施方案	
课前思考	①金属液的流动性与哪些因素有关？ ②金属液的浇注温度对充型有何影响？ ③真空吸铸对金属液充填有什么益处？	
班级		组长	
教师签字		日期	

7.2.3 任务实施

本任务采用感应炉熔炼黄铜炉料，将金属液浇注到石膏铸型内，并借助真空吸铸机充填成型。铸造产品类型和结构见图7-7的蜡树。

1. 核实材质和产品结构

在熔炼浇注前，确定拟浇注的产品材质，并核对已配好的炉料，检查炉料的洁净状态，避免它们带脏污入炉。同时，核实铸型内产品的类型结构，拟定浇注温度为1010℃。

2. 熔炼和浇注准备工作

熔炼坩埚应使用黄铜专用坩埚，并仔细检查坩埚内腔的干净状况，将里面残留的金属珠、熔渣等清除干净，避免污染金属液。将坩埚放入感应线圈内，底部用耐热垫板垫好。开启冷却水，打开感应电源开关，检查设备状态，确定正常后方可使用。

图7-7　待浇注的产品结构

检查真空吸铸机的状况,在承口座放置石墨盘根,将一个专用的未烧结石膏铸型放入其中,开启真空泵,检测设备抽真空是否正常,正常时指针应较快转到－0.1MPa处。如果真空度长时间下不来,应检查石墨盘根处是否漏气,调整石墨盘根的位置,清理钢盅法兰,再进行抽真空试验。如果真空度还是达不到要求,则要更换真空油。

3. 熔炼炉料

将黄铜炉料加入坩埚内,注意炉料间不要塞得过紧,避免出现"架料"(炉料之间相互挤压、勾连,使其不能均匀下行)问题。按"加热"按钮进行加热,加热过程中对电流的调整不能太快,尤其在炉料开始熔化后更要注意,避免金属液过热(图7-8)。熔炼过程中注意观察炉料下移的情况,如果出现"架料",要及时将炉料疏通。为减少金属液吸气氧化,可以在金属液表面盖上碎木炭进行保护。当预熔料熔化完毕后,将回炉料加入其中继续熔炼。熔毕后,用玻璃棒搅拌金属液,使其成分、温度均匀。调整感应炉的功率,使金属液处于保温状态。

图7-8 熔化预熔料

4. 放置石膏铸型

用钢盅钳将石膏铸型从焙烧炉中取出,将其放入真空吸铸机的承口座内,如图7-9所示。试抽真空,检查密封性能,必要时转动铸型,使其法兰盘与石墨盘根有良好的配合,达到要求的真空度。

5. 浇注

用玻璃棒将金属液表面的熔渣撇除,停止加热,用坩埚钳夹住坩埚,使坩埚嘴对准铸

图 7-9　放置石膏铸型

型浇口杯,将金属液平稳倒入铸型内。浇注过程中不能中途断流,按照先慢、后快、再慢的速度进行控制,注意金属液不能溢出浇口杯,如图 7-10 所示。

图 7-10　浇注金属液

6. 取出铸型

浇注完毕后,保持抽真空 2~3min,直至浇口杯金属液凝固。然后关闭抽真空机,打开放气阀,待浇注腔内的气压恢复到常压时,用钢盅钳夹住钢盅口沿壁,垂直向上取出铸型,放置在指定位置冷却。

7. 结束工作

所有铸型浇注完毕后,将坩埚放置在指定位置,用耐火棉盖好。感应熔炼炉应继续通冷却水 30min 后才能关机。采用毛扫、吸尘机、抹布等将设备和工作场所清理干净。

7.2.4 任务评价

如表 7-4 所示,学生根据自身完成任务及课堂表现情况进行自评,之后教师进行评价打分。

表 7-4 任务评价单

评价标准	分值	学生自评	教师评分
会正确设定熔炼和浇注温度	10		
会正确进行熔炼和浇注操作	40		
分工协作情况	10		
安全操作情况	10		
场地卫生	10		
回答问题的准确性	20		

7.2.5 课后拓展

1. 采用真空吸铸方式浇注石膏型并制作 925 银首饰

(1) 根据产品类型结构,拟定浇注工艺。
(2) 做好熔炼和浇注准备工作。
(3) 按照工艺要求熔炼金属液。
(4) 按照工艺要求浇注铸型。
(5) 将铸型从真空吸铸机中取出。

2. 小组讨论

(1) 真空度对金属液充型有何影响?
(2) 如何解决真空度不足的问题?
(3) 金属液浇注过程有何要求?

任务 7.3　真空加压铸造

7.3.1　背景知识

在首饰的铸造成型过程中,需要关注金属的铸造性能。合金的铸造性能主要用充型能力、收缩性、偏析性和吸气性等指标来衡量。充型能力强,则容易获得外形轮廓清晰、纹饰精美的铸件,不易出现轮廓不清、浇不足、冷隔等缺陷;有利于金属液中气体和非金属夹杂物的上浮、排出,减少气孔、夹渣等缺陷。收缩指铸件在凝固、冷却过程中所发生的体积减小的现象。浇入铸型的液态金属在冷凝过程中产生的收缩越小,就越容易获得完美无缺的铸件。如果凝固和收缩得不到合理的控制,铸件内部就会出现缩孔、缩松、变形、裂纹等缺陷。偏析指在铸件中出现化学成分不均匀的现象。偏析对于贵金属首饰而言是要设法避免或减少的铸造缺陷,因为它直接影响货品成色。吸气性指合金在熔炼和浇注时吸收气体的性质。吸气多,铸件中就会形成气孔。气孔会破坏合金的连续性,减少承载的有效面积,并在气孔附近引起应力集中,导致铸件的机械性能降低,表面质量恶化。

首饰铸造过程中涉及的工艺要素非常多,它们都会对金属铸造性能和坯件质量产生直接或间接的影响。铸造缺陷很多时候是整个过程中各种因素积累的结果。手工熔炼和浇注方式属传统的经验生产方式,操作者的主观因素多,产品质量波动性大。随着首饰产品的质量要求日益提高,以及首饰行业的科技进步,自动铸造机成为首饰失蜡铸造中非常重要的设备,是保证产品质量的一个重要基础。其中,感应熔炼真空加压铸造机是应用最广泛的一类自动铸造设备,这类机器的型号特别多,不同公司生产的铸造机也各有特点,但一般都由感应加热系统、真空系统、控制系统等组成,在结构上一般采用直立式,上部为熔炼室,中部为铸造室,下部为升降气缸,如图 7-11 所示。

铸造室为圆桶状,顶部口沿中央设置了密封胶圈,内部设置了法兰承口座,与钢盅法兰盘通过石墨盘根配合,类似于真空吸铸机的设置。铸造室内腔底部设置升降气缸,当铸造室顺时针向外转动时,升降气缸自动上升,以便放置铸型;当铸造室逆时针向内转动时,气缸自动下降,使铸型法兰悬停在法兰承口座上。铸造室的正下方也设置了升降气缸,它将整个铸造室升起时,铸造室顶部胶圈与熔炼室底部紧密接触。熔炼室也为圆桶状,顶部设炉盖,炉盖上设观察窗口。熔炼室顶部口沿中央设密封胶圈,将炉盖合上锁紧,再将装有铸型的铸造室上升,就可以使熔炼室和铸造室分别形成独立密封的腔室,从而可以实现金属液在不同气压下浇注和凝固。

真空加压铸造机常用的消耗配件包括石墨坩埚、石墨棒、石英外套、热电偶、石英底座、石墨垫圈等,如图 7-12 所示。用于熔炼金、银、铜等常规首饰材料时,采用石墨坩埚,在石墨坩埚外装配石英外套,减少石墨坩埚的烧损。采用底注式浇注方式时,在坩埚底部开设浇注孔,并通过石墨棒控制其开启和闭合——熔炼时石墨棒在气压作用下将浇注孔完全堵塞,防止金属液泄露;浇注时提起石墨棒,金属液就浇入型腔。在石墨棒内安设有测温热电偶,它可以比较准确地反映金属液的温度。真空加压铸造机一般在真空状态

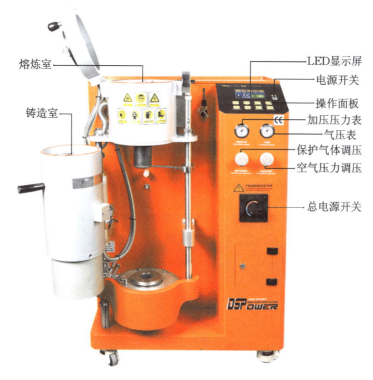

图 7-11 感应熔炼真空加压浇注机

下或惰性气体中熔炼和铸造金属,因此有效减少了金属氧化吸气的可能;广泛采用电脑编程控制,自动化程度较高;铸造的产品质量比较稳定,孔洞缺陷较少,因而该设备为众多厂家所推崇,广泛用于金、银、铜等金属的真空铸造,有些机型还附带了粒化装置,可以制备颗粒状中间合金。

图 7-12 真空加压铸造机常用的消耗配件

真空加压铸造机中设有操作界面，不同品牌的铸造机，操作界面有所区别。图 7-13 是艺辉 DVC-Ⅱ型真空加压铸造机的控制界面，它包括程序库、温度区、加热模式、工艺参数区、使用状态区和功能按键区等。程序库最多可以设置 1000 条程序；温度区可以显示设定温度和当前温度；加热模式有 PID、手动、搅拌和清洁 4 种，当需要自动铸造时，选择 PID 模式；在工艺参数区，可以设定熔炼室压力、真空压力、气动压力、加压压力、气控压力调节、加压压力调节等气压参数，以及注入时间、加压时间、真空延时等时间参数；在使用状态区，可显示加热功率以及加热、进料、出料、上盖等工序状态；在功能按键区设有上盖、上升、真空、注入、加压、排气、保护气、加热、自动等按键。真空加压铸造手动操作及自动程序演示分别见视频 7-1、视频 7-2。

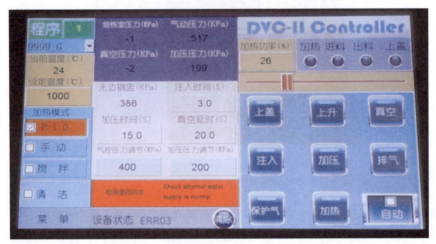

视频 7-1　真空加压铸造手动操作

视频 7-2　真空加压铸造自动程序

图 7-13　真空加压铸造机的控制界面示例

7.3.2　任务单

真空加压铸造任务单如表 7-5 所示。

表 7-5　项目任务单

学习项目 7	熔铸成型		
学习任务 3	真空加压铸造	学时	1
任务描述	按照工艺要求，采用真空加压铸造机进行金属熔炼和铸造成型		
任务目标	①会合理确定金属的熔炼和浇注工艺 ②会设置熔炼浇注程序 ③会将炉料合理放置在坩埚内 ④会按照工艺要求进行熔炼和浇注 ⑤会正确装载和取出铸型		

表7-5（续）

对学生的要求	①熟悉首饰真空加压的操作工艺要求，并做好相应的准备工作 ②严格执行金属在真空或保护气氛下熔炼、负压吸铸、加压凝固等工艺要求 ③按要求穿戴好劳动防护用品，注意安全操作 ④实训完毕后对工作场所进行清理，保持场地卫生	
明确实施计划	实施步骤	使用工具/材料
	核实材质和产品结构	已配好的925银炉料
	熔炼和浇注准备工作	真空加压铸造机、冷水机、空气压缩机、坩埚、无水酒精、软布、未烧结石膏铸型、石墨棒、石墨盘根、热电偶等
	熔炼炉料	真空加压铸造机、冷水机、空气压缩机、坩埚、炉料
	放置铸型	石膏铸型、钢盅钳
	浇注	真空加压铸造机
	取出铸型	铸型、钢盅钳
	结束工作	毛扫、镊子、吸尘机、抹布、无水酒精等
实施方式	3人为一小组，针对实施计划进行讨论，制订具体实施方案	
课前思考	①什么是金属的铸造性能？ ②通常从哪些方面来评价铸造性能的优劣？ ③真空加压铸造首饰坯件的特点是什么？	
班级		组长	
教师签字		日期	

7.3.3 任务实施

本任务采用真空加压铸造机熔炼铸造925银首饰。

1. 核实材质和产品结构

在熔炼浇注前，确定拟浇注的产品材质，并核对已配好的925银炉料，检查炉料的洁净状态，避免它们带脏污入炉。同时，核实铸型内产品的类型结构，拟定浇注温度为980℃。

2. 熔炼和浇注准备工作

检查坩埚内腔有无残留金属珠，若有，要将其清除干净，避免污染金属液。开启冷水机和空气压缩机，将石墨棒正对坩埚底部浇注孔，通过气缸将其压紧，检查两者结合的紧密程度。打开真空加压铸造机电源，检查热电偶是否显示正常。用软布蘸无水酒精，擦拭熔炼室观察窗口。检查铸造室的密封状况，在承口座放置石墨盘根，将一个专用的未烧结石膏铸型放入其中，开启真空泵，检测设备的抽真空功能是否正常。

进入操作界面,选择预设的925银铸造程序,选择PID模式,逐项检查预设的工艺参数是否合适。

3. 熔炼炉料

将925银预熔料、回炉料加入坩埚内,如图7-14所示,注意炉料间不要塞得过紧,避免出现"架料"问题。将炉盖合上锁紧,同时将铸造室上升,点"自动"按键,设备先抽真空到预定值,然后充入保护气,使气压达到预定值,并自动进入PID模式,对炉料进行加热,设备自动耦合调整加热功率,直到接近预设的熔炼温度(图7-15)。

图7-14 向坩埚内加炉料

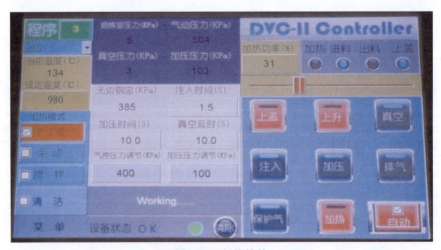

图7-15 加热熔炼

4. 放置铸型

当操作界面上弹出"请放入钢盅"的提醒时,铸造室自动下移,用手将铸造室顺时针转到底,触碰到限位块时,铸造室底部气缸上升。用钢盅钳夹住钢盅,使浇注口朝上放置在气缸的承载盘上,如图 7-16 所示。逆时针转动铸造室,气缸带动铸型自动下降,使铸造室顺利转到位并自动上升,与熔炼室底部形成密封,铸造室底部气缸上升,使铸型顶面压在熔炼室底面上。

图 7-16　放置铸型

5. 浇注

在程序控制下,将铸造室抽真空到设定值,石墨棒提起,金属液注入到铸型内,然后将熔炼室内迅速增压到设定值,使铸型内的金属液在压力下凝固,有利于提高铸件致密度,如图 7-17 所示。

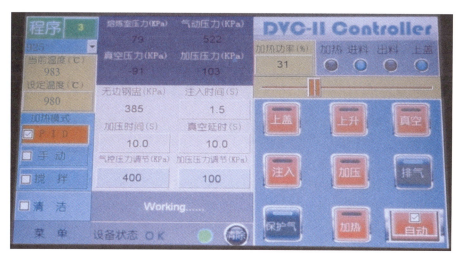

图 7-17　自动浇注和增压

6. 取出铸型

达到预定加压时间后,系统自动关闭抽真空机,同时"注入""上升""加压"等按键也转为关闭状态。随后设备进入排气阶段,待熔炼室和铸造室内的气压恢复到常压时,铸造室自动下降,将其顺时针转到底,铸造室内底部的气缸上升,将钢盅顶起。用钢盅钳夹住钢盅口沿壁,垂直向上取出铸型,并将其放置在指定位置冷却。

7. 结束工作

所有铸型浇注完毕后,感应熔炼炉继续通冷却水至坩埚温度低于100℃才能关机。采用毛扫、镊子等工具收集溅落的金属碎料,用吸尘机清理熔炼室和铸造室,用抹布蘸无水酒精将观察窗口擦拭干净,并清理铸造机表面和工作场所。

7.3.4 任务评价

如表7-6所示,学生根据自身完成任务及课堂表现情况进行自评,之后教师进行评价打分。

表7-6 任务评价单

评价标准	分值	学生自评	教师评分
会正确选定铸造材料	10		
会正确进行熔炼和浇注操作	40		
分工协作情况	10		
安全操作情况	10		
场地卫生	10		
回答问题的准确性	20		

7.3.5 课后拓展

1. 采用真空加压铸造机浇注石膏型,制作950银首饰

(1) 根据铸件材质和产品类型结构,从程序库中选择对应的铸造程序,对工艺参数进行必要的修改。

(2) 做好熔炼和浇注准备工作。

(3) 正确操作设备,使熔炼浇注处于自动运行状态。

(4) 在铸造室中正确放置和取出铸型。

2. 小组讨论

(1) 为何要将熔炼室和铸造室分成各自独立的封闭空间?

(2) 为何不在金属液开始浇注时就加压?

(3) 如何避免熔炼过程中金属液从底注孔渗漏的问题?

▶▶ 任务 7.4 真空离心铸造 ◀◀

7.4.1 背景知识

1. 真空离心铸造机

离心铸造充型速度快，对于产品结构纤细或熔点高的材料，采用此种铸造方式有利于金属液克服沿程阻力，提高充填率。但是，如果铸型型腔被空气或惰性气体充满，则金属液高速充填到型腔时，型腔内的气体容易因来不及排出而造成反压力，阻碍金属液充型完整。另外，传统的简易离心铸造机的熔炼和浇注都是人为控制的，铸造机的结构与金属液流体力学不匹配，金属液充型分布均匀性差，有些离心机甚至只有浇注功能，生产效率低，铸造质量不稳定。为此，现代离心铸造机在功能集成、自动控制和真空保护等方面进行了较大改进，并开发了多种机型。从坩埚放置的方式来看，有立式坩埚和卧式坩埚之分；从铸型的放置方式看，也有立式铸型和卧式铸型之分；从浇注方法看，有坩埚与铸型同步旋转离心浇注和坩埚倾倒＋铸型旋转离心浇注之分。其中，采用立式坩埚、卧式铸型且坩埚与铸型同步旋转离心浇注的真空铸造机，广泛应用于铂金首饰的铸造，其典型外形结构如图 7-18 所示。它将感应加热和离心浇注功能集中在一起，熔炼室和浇注室合二为一，形成一个可整体密闭的腔室，便于抽真空，使熔炼和浇注在真空下进行。铸型中心轴和转臂的角度被设计成可变的，它能够从 90°变化到 0°，如图 7-19 所示，这样，就综合考虑了离心力和切向惯性力在驱使金属液流出坩埚和流入铸型的作用，这种装置有助于改善金属液流动的均衡性，防止金属液优先沿着逆旋转方向的浇道壁流入。

图 7-18 真空离心铸造机外形

图 7-19 真空离心铸造机的可变转臂

为便于掌握金属液温度,减少人为判断误差,在炉盖上设置红外测温仪,当炉盖合上后,就可以监控加热过程的温度变化。

2. 离心铸造用坩埚

为保证金属液的纯度和冶金质量,熔炼过程中必须避免引入杂质,坩埚材质的选择很关键。首饰生产中,坩埚的使用工况恶劣,要反复经受高温侵蚀、金属液冲刷、加热冷却交替变化等因素的作用。因此,坩埚须满足以下性能要求:一是耐火度高,能承受金属液的高温,不发生熔融和软化变形;二是具有良好的抗热震性,能承受感应加热熔炼铸造时的快速加热和冷却交替变化,不出现热震开裂;三是具有良好的化学惰性,不与金属液发生化学反应,不会在金属液的侵蚀下穿孔;四是具有足够的机械强度,能承受金属炉料投料冲击和离心浇注的外力作用,不易开裂剥落。

离心铸造用坩埚按材质划分有石墨坩埚和陶瓷坩埚两大类。石墨坩埚具有耐火度高、抗热震性好、有一定的机械强度等优点,用于金、银、铜等首饰材料时,金属液对石墨的润湿性小,金属液流出坩埚时的阻力小,因此石墨是这类首饰铸造的首选坩埚材料。但是,对于铂、钯等贵金属首饰材料,在高温下碳会溶解在铂中,且溶解度随温度升高而增加,降温时碳析出,使铂、钯金属的性能变脆,称为碳中毒。因此熔炼铂金、钯金时,不能采用石墨坩埚,只能采用高熔点的陶瓷坩埚。熔炼不锈钢、钴合金等材料时,碳会与金属液发生反应,形成碳化物,因此,这类首饰材料也不能采用石墨坩埚。

石墨坩埚一般不单独使用,而是与石英外套配合使用。图 7-20 是用于离心铸造的立式坩埚套件,坩埚呈上大下小的锥体状,在坩埚中上部开设浇注孔。当开始旋转浇注时,金属液在离心力作用下,沿着坩埚内壁向上攀升,在浇注孔处加速向外流出。

图 7-20 离心铸造用立式坩埚套件

工业应用中的陶瓷坩埚有很多种材质,例如氧化铝、氧化锆、氧化镁、氧化钇、氧化钙、碳化硅等,它们的熔点和耐火度都明显高于石英,但是它们的抗热震性能差,不能满足首饰铸造中快速升温、快速降温的要求。因此,迄今为止用于铂金、钯金、不锈钢等首饰的熔炼基本都是石英坩埚。

铂金、钯金等高熔点首饰材料,具有熔炼温度高、保持液态时间短、金属液容易被污染等特点,其熔炼难度远远超过金银合金。纯石英的熔点为1750℃,而实际生产中坩埚材料难免混入一些杂质,使其熔点降低到1650~1700℃,而铂金的熔炼温度一般在1850℃以上,因此,就熔点而言,石英并非熔炼铂金的优选坩埚材料。但是由于石英具有结构精细、热导率低、热膨胀率小、抗热震性好、电性能好、耐化学侵蚀性好等特点,能够满足首饰铸造生产快节奏的要求,因此成为铂金、钯金等首饰铸造的主要坩埚材料。至于其熔点低的问题,一般是通过小容量、快速加热熔化来解决,这样可以缩短单次熔炼时间,相应地增加坩埚使用次数。

铂金熔炼用石英坩埚有卧式和立式两类,其外形结构如图7-21所示。卧式坩埚对金属液的流动相对更有利。

(a) 卧式　　　　　　(b) 立式

图7-21　铂金熔炼用石英坩埚

采用立式石英坩埚熔炼Pt950时,将石英坩埚置于感应线圈内,腰边卡在感应线圈顶部,依靠坩埚口的盖板将坩埚压紧。铂金炉料快速升温,热量辐射到坩埚内壁,并传递到坩埚外壁,坩埚在短时间内大致按照白色—暗红色—红色—橘红色的顺序变化。当铂金料熔化时,坩埚内壁一层近乎熔融状态,在金属液与坩埚壁之间有类似熔渣出现,偶有气泡从金属液边缘冒出。浇注后坩埚温度迅速降低,内壁的熔融层也随之变成透明的石英玻璃,金属液在内壁的某些部位滞留,形成嵌入的金属珠。以熔炼4次后的坩埚为例,在金属液熔炼区的坩埚内壁及底部形成了一浅层透明的玻璃层,表面产生了不同程度的侵蚀,在局部侵蚀严重,形成了较大的凹坑,有些内部滞留金属珠,有些则粘滞了夹杂物,在内壁次表面还滞留了大量气泡;在坩埚出口周围有金属液冲蚀的痕迹,并且有金属珠滞留,但是出口转角还基本保留着较分明的相贯线(两立体相交在表面形成的交线),如图7-22所示。

随着使用次数的增多,坩埚内腔底部和侧壁的透明玻璃层厚度不断增加,特别是当使用10次后,内壁表面光滑度大为降低,形成了许多凹坑,部分凹坑内残留金属珠。在坩埚侧壁腰线的玻璃层已基本接近坩埚外表面,如图7-23所示。透过透明玻璃表层,可以看到次表面上滞留的大量气泡,同时,坩埚的出口也被金属液冲蚀得较严重,已看不到明显的相贯线,而形成了流畅的弧线形,在金属液流经的部位冲蚀更为明显。此时坩埚变得非常脆弱,不宜再投入使用,否则有碎裂将金属液甩脱的危险。将坩埚敲裂,从侧面观察坩埚底和坩埚壁,发现在透明玻璃层表面以下一定位置形成了两个清晰的气泡带

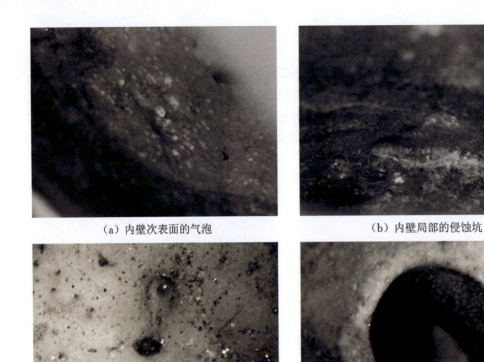

(a) 内壁次表面的气泡　　　　　　　　(b) 内壁局部的侵蚀坑

(c) 底部表面玻璃层和侵蚀坑内滞留的金属珠　　(d) 出口部位的冲蚀痕及滞留的金属珠

图 7-22　石英坩埚在熔炼 Pt950 铂金 4 次后的内壁及出口状况（放大 7 倍）

（黄色箭头所指）：一个靠近内壁的次表面，越往上面，气泡带越接近坩埚内壁表面；另一个靠近未转化的陶瓷界面（蓝色箭头所指）。

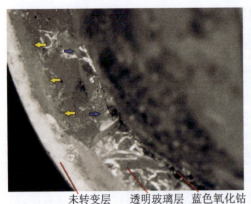
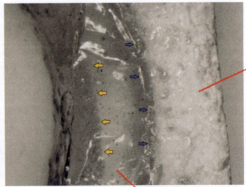

未转变层　透明玻璃层　蓝色氧化钴　　　　　透明玻璃层
(a) 侧壁　　　　　　　　　　　　　　　(b) 底部

图 7-23　石英坩埚内壁的透明玻璃层及气泡带（放大 7 倍）

在扫描电镜下观察坩埚内壁的气泡，如图 7-24 所示，大小不等的气泡相连，或者孤立滞留在内部。熔炼时坩埚内壁出现气泡带的原因与坩埚的内在结构、熔炼温度以及金属液的压力等有关。在铂金熔炼时的高温作用下,坩埚内壁达到或超过石英的熔融温度,形成了熔融状石英,而石英坩埚的致密度是有限的,内部存在相当数量的显气孔和闭气孔,它们被高温加热膨胀,形成了大小不一的气泡,气泡在熔融石英层内移动漂浮或碰撞结合,但是由于熔融态石英的黏度很高,气泡的移动漂浮并不容易,并且铂金金属液的压力更增加了气泡上浮逸出的困难度,在气泡胀大上浮力、石英熔体的粘滞力、金属液的静压力等综合作用下,气泡在熔融层内呈带状分布。在坩埚底部,金属液的压力最大,气泡带离坩埚内壁表面的距离也最大,而在熔炼区内顺着内壁越向上,金属液的压力越小,气泡带越接近内壁表面。当金属液浇注后,坩埚温度迅速降低,使气泡较好地保留了浇注前的形状和分布状况。

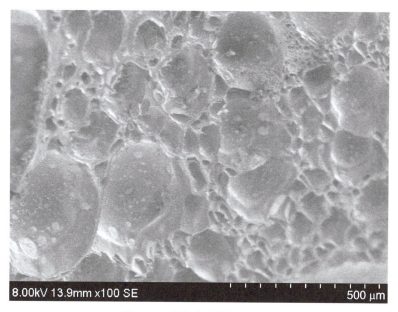

图 7-24 坩埚内壁的气泡形貌

7.4.2 任务单

采用真空离心铸造机熔炼浇注 Pt950 首饰,项目任务单如表 7-7 所示。

表 7-7 项目任务单

学习项目 7	熔铸成型		
学习任务 4	真空离心铸造	学时	1
任务描述	按照工艺要求,采用真空离心铸造机进行铂金熔炼和铸造成型		
任务目标	①会合理确定金属的熔炼和浇注工艺 ②会合理布置炉料并加热熔炼 ③会按照工艺要求进行真空离心浇注 ④会正确装载和取出铸型		

表7-7(续)

对学生的要求	①熟悉首饰真空离心铸造的操作工艺要求,并做好相应的准备工作 ②严格执行金属熔炼、离心浇注等工艺要求 ③按要求穿戴好劳动防护用品,注意安全操作 ④实训完毕后对工作场所进行清理,保持场地卫生	
明确实施计划	实施步骤	使用工具/材料
	核实材质和产品结构	已配好的Pt950预熔料和回炉料
	熔炼和浇注准备工作	真空离心铸造机、冷水机、石英坩埚、软布、无水酒精等
	熔炼炉料	真空离心铸造机、冷水机、石英坩埚、炉料、玻璃棒等
	放置铸型	铸型、焙烧炉、钢盅钳、抽真空机
	真空离心浇注	真空离心铸造机
	取出铸型	铸型、钢盅钳
	结束工作	耐火棉、毛扫、镊子、吸尘机、抹布、无水酒精等
实施方式	3人为一小组,针对实施计划进行讨论,制订具体实施方案	
课前思考	①离心浇注工艺有什么特点? ②铂金首饰铸造有什么特殊性? ③铂金首饰离心铸造对坩埚有什么要求?	
班级		组长
教师签字		日期

7.4.3 任务实施

本任务采用真空离心铸造机熔炼浇注Pt950首饰。

1. 核实材质和产品结构

在熔炼浇注前,对拟浇注的产品材质进行确定,并核对已配好的Pt950预熔料和回炉料,检查炉料的洁净状态,避免它们带脏污入炉。同时,核实铸型内产品的类型结构,拟定浇注温度为1900℃。

2. 熔炼和浇注准备工作

设置铸型中心轴与转臂的夹角为150°。检查石英坩埚内腔有无残留金属珠,若有,要将其清除干净,避免污染金属液。用软布蘸无水酒精,擦拭熔炼室红外测温窗口。将感应线圈升起,坩埚放入感应线圈内,使其浇注流孔正对着铸型托架中心。开启冷水机,打开铸造机电源,检查操作面板是否显示正常。

进入操作界面,选择预设的Pt950铸造程序,选择手动操作模式,逐项检查预设的工艺参数是否合适。

3. 熔炼炉料

将炉料加入坩埚内,如图 7-25 所示,注意炉料间不要塞得过紧,避免出现"架料"问题。启动加热按钮,并将功率升高,使炉料快速熔化。将剩余的炉料继续加入坩埚内,当炉料全部熔化后,用专用的玻璃棒搅拌金属液,使成分均匀,如图 7-26 所示,然后将功率调低,使金属液温度降低到熔点附近。

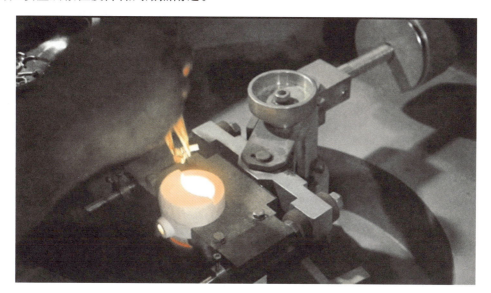

图 7-25　向坩埚内加炉料

图 7-26　搅拌金属液

4. 放置铸型

用钢盅钳夹住钢盅,将其从焙烧炉中取出,水平放在铸型托架上,铸型浇口杯朝着坩埚浇注嘴,如图7-27所示。关闭炉盖,开启抽真空机,同时提高加热功率,使金属液温度提高。

图7-27　放置铸型

5. 真空离心浇注

当金属液温度达到浇注温度并稳定时,启动浇注按钮,感应线圈下移,旋转臂立即高速旋转,金属液在离心力作用下充填铸型型腔,如图7-28所示。

图7-28　真空离心浇注

6. 取出铸型

达到预定旋转时间后,系统自动旋转电机,待旋转速度降为零,关闭抽真空机,开启排气功能,破除铸造室内的真空。打开炉盖,用钢盅钳夹住钢盅,垂直向上取出铸型,放置在指定位置冷却,如图7-29所示。

图7-29 取出浇注后的铸型

7. 结束工作

所有铸型浇注完毕后,将坩埚放置在指定位置,用耐火棉盖好。继续对感应熔炼炉通冷却水,30min后才能关机。采用毛扫、镊子等工具收集溅落的金属碎料,用吸尘机清理铸造室,用抹布蘸无水酒精将观察窗口擦拭干净,并清理铸造机外表和工作场所。

7.4.4 任务评价

如表7-8所示,学生根据自身完成任务及课堂表现情况进行自评,之后教师进行评价打分。

表7-8 任务评价单

评价标准	分值	学生自评	教师评分
会正确选定铸造材料	10		
会正确进行熔炼和浇注操作	40		
分工协作情况	10		
安全操作情况	10		
场地卫生	10		
回答问题的准确性	20		

7.4.5　课后拓展

1. 采用真空离心铸造机浇注酸黏结陶瓷铸型,制作不锈钢首饰

（1）根据铸件材质和产品类型结构,从程序库中选择对应的铸造程序,对工艺参数进行必要的修改。
（2）做好熔炼和浇注准备工作。
（3）正确操作设备,使熔炼浇注处于手工操作状态。
（4）在铸造室中正确放置和取出铸型。

2. 小组讨论

（1）真空离心铸造的安全注意事项有哪些?
（2）如何提高坩埚的使用寿命?
（3）真空离心铸造对铸型高度有无要求?
（4）如何改进金属液的熔炼质量?

▶▶任务 7.5　真空连续铸造◀◀

7.5.1　背景知识

1. 连续铸造原理

首饰生产中,除采用精密铸造成型外,还大量应用 CNC 加工成型技术,这就需要生产棒材、板材、管材等各种形状的型材。传统的型材生产方式是先手工浇注铸锭坯件,再进行开坯轧压。这种生产方式不可避免地会使处于熔融状态的金属有较长时间与空气接触,增加被氧化和吸附氧气的机会,还由于金属液流的冲击和飞溅,导致铸坯中出现夹杂物及表面麻坑。此外,铸坯中还常存在缩松、孔洞、裂纹及表面冷隔等缺陷。传统铸坯存在的上述质量问题,决定了很难用它制造出高质量的产品,因此改进坯料铸造工艺成为关键。

连铸技术因其优越性而代替传统的手工锭模铸坯技术,成为加工金银型材的重要手段。20 世纪 90 年代,连铸技术被广泛应用于有色金属型材生产中,并被引入贵金属型材的生产。连续铸造是一种先进的铸造方法,其原理是将熔融的金属不断浇入特殊金属型（结晶器）中,凝固（结壳）后的型材连续不断地从结晶器的另一端拉出,可获得任意长度或特定长度的铸造型材。结晶器的内部结构决定了铸造型材的截面形状。

连续铸造工艺按照型材移动的方式主要分为垂直连续铸造和水平连续铸造两大类。

其中,前者是最早发展起来的首饰合金连续铸造工艺,目前仍广泛应用于生产各种型材,特别是截面较大的型材,根据拉坯方式的不同,它又分为下引式和上引式两类。

1)下引式连续铸造

下引式连续铸造工作原理如图 7-29 所示,它是在密闭的熔炼缸里进行熔炼,金属熔化后不断浇注入结晶器中,经过冷却,凝固的金属型材随着牵引辊不断往下拉出。下引法铸造顺应金属重力往下拉制,生产效率较高,而且有利于增加铸造型材的密度,减少型材的收缩孔洞。目前金、银、铜等首饰金属的连铸型材生产,一般采用的都是下引法。

2)上引式连续铸造

上引式连续铸造是金属熔体自下而上被吸入同真空装置连通的结晶器中凝固结晶并成型的铸造方法,其工作原理如图 7-30 所示。上引连铸机由安装在保温炉上部、固定在冷却器中的结晶器(其下端浸入金属液中一定深度),向上牵引锭坯的引锭机构和使锭坯侧向弯曲的导向机构等构成。上引连铸机铸坯时,金属熔体在负压作用下进入结晶器,熔体的结晶前沿略高于保温炉中金属熔体液面,这是由于结晶器安装在同真空装置相通的冷却器中,冷却器中的压力低于大气压力。上引连铸法可生产具有不同断面形状的金属铸坯,如带材、棒材和管材等型材的坯料,生产效率高,生产周期较短,操作简单,劳动强度低;设备简单,占地面积小,投资少,经济效益高。但是制得的型材组织中心结构易疏松,不适用于高强度产品,不适合小批量的生产。

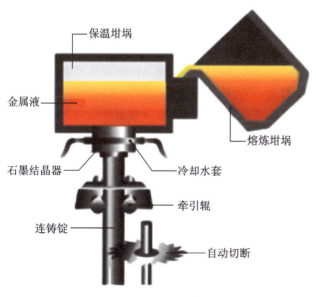

图 7-29 下引式连续铸造原理图

图 7-30 上引式连续铸造原理图

3)水平连续铸造

水平连续铸造中,金属液从保温炉侧壁流出后进入水平放置的石墨结晶器,形成凝壳后被水平牵引出来,型材在固定长度处被切断,其原理如图7-31所示。与垂直连续铸造工艺相比,水平连续铸造具有设备简单、无需深井和吊车、工序短、生产效率较高、可连续生产等优点。但它适用的合金品种比较单一,结晶器内套的消耗较大,锭坯横断面的结晶组织上下均匀性不易控制。锭坯下部因受重力作用紧贴结晶器内壁而被持续冷却,晶粒较细;上部因气隙的形成以及熔体温度较高而凝固滞后,使冷却速度减慢,而对于规格较大的锭材,结晶组织较粗。因此,该方法只适于小规格型材的生产。

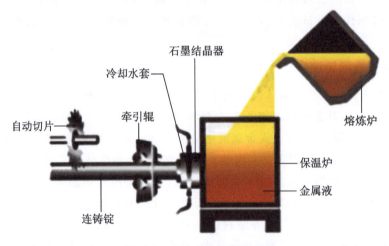

图 7-31　水平连续铸造原理图

2. 首饰型材真空连续铸造

首饰生产用的型材规格一般比较小,单次铸造的金属量也较少,但是对型材质量要求较高。由于贵金属首饰的成色有严格要求,必须保证型材各部位的成色都能满足标准要求,因此在贵金属材料的熔炼铸造过程中,必须确保金属液成分均匀。另外,首饰对表面质量要求很高,大都需要进行高抛光和表面镀膜。型材的冶金质量是获得优良表面效果的基础,如果型材中出现明显的氧化夹杂物、气孔、缩松、鳞节(表面的环状纹)等缺陷,将明显影响首饰的表面加工效果。因此,在连铸时必须设法改善型材的冶金质量。

目前,首饰型材连续铸造生产基本采用下引式真空连续铸造机,它将感应熔炼、电磁搅拌、真空保护、牵引铸造、控制系统等集于一体,典型外形如图7-32所示。熔炼时可先将熔炼室抽真空,再充入惰性气体进行保护,避免金属液吸气氧化。在石墨塞杆内置热电偶,同时在结晶器近出口处设置热电偶,在线监测连铸过程的温度变化,以便对温度、拉坯速度等作出相应调整,保证连铸过程得到稳定控制。电磁搅拌作用使金属液的温度、成分更趋均匀。通过定向滑轮控制拉坯方向,通过压紧轮的压紧配合,以及滑轮与压紧轮表面的滚刀纹,使连铸过程顺畅进行。该设备整体结构紧凑,占地面积小,工作效率高。

连铸型材的类别由成型模具形状决定。用于连铸金、银、铜合金材料时,模具优选石墨材质,它具有导热性好、高温下自润滑性好、耐磨性好、机械强度高等特点。按孔数分

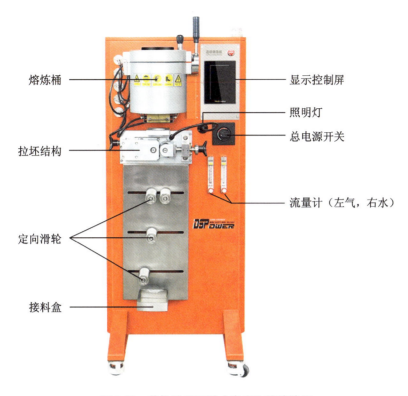

图 7-32　首饰型材下引式真空连续铸造机

有单孔石墨模、多孔石墨模,铸出的成型材料有方形、长方形、圆形、平板形、管形及各种异形截面。模具一般与熔炼坩埚通过螺纹组合成一体,如图 7-33 所示。

图 7-33　熔炼坩埚与成型模具

7.5.2 任务单

真空连续铸造任务单如表 7-9 所示。

表 7-9 项目任务单

学习项目 7	熔铸成型			
学习任务 5	真空连续铸造		学时	2
任务描述	按照工艺要求,采用下引式真空连续铸造机制作型材			
任务目标	①会合理确定金属的熔炼和铸造工艺 ②会合理布置炉料并加热熔炼 ③会按照工艺要求进行连续铸造 ④会正确安装牵引杆和取出连铸型材			
对学生的要求	①熟悉下引式真空连续铸造的原理与操作工艺要求,并做好相应的准备工作 ②严格执行金属熔炼、连续铸造等工艺要求 ③按要求穿戴好劳动防护用品,注意安全操作 ④实训完毕后对工作场所进行清理,保持场地卫生			
明确实施计划	实施步骤	使用工具/材料		
	准备工作	石墨坩埚、成型模具、牵引杆、炉料、石墨乳、软布、无水酒精		
	熔铸系统装配	真空连续铸造机、石墨坩埚、石英外套、成型模具、牵引杆、热电偶、云母压盖		
	熔炼炉料	真空连续铸造机、冷水机、石墨坩埚、炉料、抽真空机、氩气等		
	牵引铸造	真空连续铸造机		
	型材剪断与取出	大剪钳、牵引杆		
	结束工作	毛扫、镊子、吸尘机、抹布、无水酒精等		
实施方式	3 人为一小组,针对实施计划进行讨论,制订具体实施方案			
课前思考	①连续铸造的原理是什么? ②连续铸造有何优点? ③首饰型材对型材质量有什么要求?			
班级			组长	
教师签字			日期	

7.4.3 任务实施

本任务采用下引式真空连续铸造机制作18K玫瑰金棒材。

1. 准备工作

检查石墨坩埚与结晶器的状况,将内壁残留的金属、熔渣等清理干净。将成型模具与熔炼坩埚旋紧,组合成一体,如图7-34所示。检查牵引杆的平直度及表面状况,以及牵引端的环形卡槽状况,用石墨乳涂刷牵引端,以便铸造后型材与牵引杆顺利分离。检查炉料质量状况及形状尺寸,保证可以顺利入炉。用软布蘸无水酒精擦拭观察窗口。

图7-34 将石墨坩埚与结晶器通过螺纹组合在一起

2. 熔铸系统装配

将石英外套放入感应线圈内,然后将坩埚-模具组合体放入石英外套内,模具则进入水冷结晶器内,其外壁与结晶器内壁贴合。将云母压盖放置在坩埚上。将石墨塞杆装在升降机构的横梁上,按塞杆下降键,使石墨塞杆将坩埚浇注孔完全堵塞。将热电偶插入石墨塞杆的中心孔内,如图7-35所示。将牵引杆向上插入结晶器的孔内,牵引端抵到石

图7-35 熔炼室装配示意图

墨塞杆的尖端。调整牵引装置中定向滑轮的位置,使牵引杆竖直贴住定向滑轮表面,如图 7-36 所示。按"压紧"按钮,使压紧轮紧紧压住牵引杆。

图 7-36　调节定向滑轮使其贴合竖直的牵引杆

3. 熔炼炉料

将炉料加入坩埚内,如图 7-37 所示,尽量使炉料均匀分布,避免炉料间压得过紧而导致熔炼时出现"架料"问题。炉料加完后,将炉盖关闭,抽真空到 20Pa 以下,然后充入纯氩气到接近大气压。设定加热温度为 1050℃,启动加热,将加热功率调高。当金属炉料完全熔化时,启动电磁搅拌,促进金属液成分、温度均匀。

图 7-37　添加炉料

4. 牵引铸造

当金属液温度稳定在设定温度时,将石墨塞杆提起,金属液接触牵引杆头。启动牵引装置,牵引杆在定向轮与压紧轮的转动摩擦下连续向下移动,金属液跟随牵引杆向下流动。受到结晶器对石墨模具的冷却作用,模具内的金属液凝固,且固液界面稳定在一定高度,使连铸过程持续稳定进行,如图 7-38 所示。

图 7-38 连铸棒材

5. 型材剪断与取出

当连铸棒材长度达到 500mm 左右时,采用大剪钳将其剪断,以保证连铸棒材下拉时不受阻碍。当金属液拉铸完毕,松开压紧轮,将剩余型材取出。对于包裹在牵引杆的部分棒材,用力掰动几次,就可以使其脱开。

6. 结束工作

所有铸型浇注完毕后,应继续对感应熔炼炉通冷却水,待其温度低于 100℃后才能关机。采用毛扫、镊子等工具收集溅落的金属碎料,用吸尘器清理熔炼室,用抹布蘸无水酒精将观察窗口擦拭干净,并清理铸造机外表和工作场所。

7.5.4 任务评价

如表 7-10 所示,学生根据自身完成任务及课堂表现情况进行自评,之后教师进行评价打分。

表 7-10 任务评价单

评价标准	分值	学生自评	教师评分
会正确选定铸造材料	10		
会正确进行熔炼和连铸操作	40		
分工协作情况	10		
安全操作情况	10		
场地卫生	10		
回答问题的准确性	20		

7.4.5 课后拓展

1. 采用下引式真空连续铸造机制作925银板状型材

(1) 从程序库中选择对应的连续铸造程序,对工艺参数进行必要的修改。
(2) 做好熔炼和连铸准备工作。
(3) 正确装配熔炼坩埚、成型模具及牵引杆。
(4) 正确操作设备,对金属炉料进行熔炼和连铸。
(5) 正确剪断和取出连铸型材。

2. 小组讨论

(1) 真空连续铸造的安全注意事项有哪些?
(2) 哪些因素会影响连铸过程的稳定性?
(3) 连铸型材表面的"鳞节"是如何产生的?

项目 8　铸件清理

项目导读

金属液在铸型中凝固后,需根据蜡镶与否、合金性质、产品结构、铸型性质等确定铸件清理工艺。利用铸型余热进行水爆清理,是行之有效的铸件脱型方法,但是它只适合对热冲击不太敏感的金、银、铂首饰铸件。对于蜡镶首饰铸件,为避免宝石受热冲击而碎裂,只能待铸型冷却到一定温度后采用机械脱型。脱型后的铸造金属树仍或多或少被残留铸型包裹,需要采用高压水枪进行冲洗,将残留的铸型基本冲洗干净。冲洗后的首饰铸件仍不可避免在局部残留少量铸型,并且表面常形成氧化物,增加了后续打磨的难度,也给炉料回用带来了污染,因此需要采用氢氟酸等溶液进行浸泡,直到获得清洁干净的铸造树。采用剪钳、锯弓等工具将铸件逐个从金属树上取下,并依据订单和材质进行归类。采用金刚砂轮车削残余水线,采用磁力抛光机对首饰铸坯进行清理。

本项目通过 4 个典型任务及课后拓展练习,使学生掌握不同材质及产品类型的首饰铸件的相应清理方法及操作技能。

学习目标

- 熟悉常用金、银、铂等首饰金属材料的物理化学性质
- 了解水爆清理的原理
- 了解热应力产生的原理
- 了解金属树浸酸清理的原理
- 了解磁力抛光的原理
- 熟悉各种类型首饰铸件的清理过程
- 熟悉常见首饰铸造缺陷类别及成因

职业能力要求

- 能根据金属材料性质和产品类型确定相应的铸件清理方法
- 掌握普通石膏型铸造首饰铸件的水爆清理操作方法
- 掌握蜡镶石膏型铸造首饰铸件的机械清理方法
- 掌握酸黏结陶瓷型铸造首饰铸件的清理方法
- 掌握将首饰铸件从铸造树上分离的方法

- 掌握利用金刚砂轮车削残余水线的方法
- 掌握利用磁力抛光机清理铸件的方法
- 能识别常见的首饰铸造缺陷
- 能分析常见首饰铸造缺陷的成因并制定相应的解决措施

▶▶ 任务 8.1　普通石膏型铸造首饰铸件清理 ◀◀

8.1.1　背景知识

1. 铸造应力

铸造应力是在铸件全部进入弹性状态后,由于收缩受阻或收缩不同步而产生的弹性应力。铸造应力会削弱铸件的结构强度,同时造成铸件变形甚至开裂。铸造应力包括相变应力、热应力和机械应力3种。

铸件在冷却过程中发生固态相变,会出现体积的变化。由于铸件的组织成分、温度分布不均匀,铸件各部分相变时间不同,体积变化不均匀,因此各部分间互相约束而产生了残余应力,这种应力称为相变应力。例如,18K玫瑰金铸件在冷却过程中容易发生有序化转变,形成 Au_3Cu、$AuCu$、$AuCu_3$ 等有序相,这些有序相的体积与基体不一致,而且不同部位发生相转变的时间也有所区别,导致铸件内部出现相变应力。

热应力是在铸件凝固末期(接近固相线,此时凝固组织已搭结成枝晶网络骨架)及随后的冷却过程中,铸件横截面内外和厚薄不同之处由于存在着温度差而产生的铸造应力。铸件横截面内外,厚薄不同之处冷却速度有差异,导致固态收缩速率不一致,但是铸件的各部分连接成一个整体,彼此间相互制约,从而产生了热应力。热应力大小与铸件厚壁部分由塑性状态转变为弹性状态时,厚壁与薄壁部位的温度差成正比,即铸件壁厚差越大,热应力越大。

机械应力是铸件在冷却收缩时,受到铸型或其他的阻碍而引起的,这种应力是拉应力或切应力。当铸件脱型清理后,铸件收缩的障碍去除,机械应力随之消失。

2. 脱型时间

铸件凝固后的冷却过程中,不同部位的冷却速度有差别,薄壁部位的冷却速度快,厚壁部位的冷却速度慢,壁厚差是影响铸造应力的主要原因。由于石膏型是热的不良导体,铸件在石膏型内冷却速度很慢,这有利于减小各部位的冷却速度差别。当铸件在高温下脱型时,铸件的冷却速度显著加快,若脱型时间过短,高温铸件直接暴露在空气中,或者与水直接接触,可能导致铸件变形、出现裂纹、内应力高等问题。因此,适当延长脱型时间,使铸件在一个较低的温度下脱型,对于减小铸件的热应力是有利的。但是,若脱型时间过长,将增加脱型难度,影响生产效率,提高生产成本。

铸件的脱型时间对生产效率和产品质量有较大影响。要综合考虑铸件的材料性质、凝固时间,以及凝固冷却过程中的组织结构转变、铸件结构等因素,确定合理的脱型时间。对于纯金、纯银等高成色贵金属首饰,由于材料具有非常好的塑性,且在冷却过程中其组织结构发生转变,因而在高温下脱型也几乎不存在开裂的风险;而对于18K金、14K金、925银等材质,它们在高温时的塑性明显比不上纯金、纯银,在冷却过程中还会出现固态相变,若过早脱型清理,则铸件出现变形、裂纹的概率将显著增加。

3. 脱型清理方法

首饰铸造生产中,铸件的脱型清理方法主要有机械清理、水爆清理和水力清理3种。

1) 机械清理

对于蜡镶首饰、琉璃首饰等对热冲击十分敏感的铸件,为避免高温脱型导致铸件产生裂纹,一般要在低温下采用机械清理的方法。传统的机械清理方法为手工操作,利用铁锤、铁钎等工具清理铸型,劳动强度大,工作效率低,劳动条件差,在生产中已很少采用。

目前,对于此类产品主要采用机械挤压脱型法,使用的设备如图8-1所示。它采用液压机构,压杆头可沿着钢盅内壁下压,将金属树连同包裹的石膏铸型挤出,脱型简便快速,特别适合蜡镶铸造产品在低温下的脱型处理。由于在挤压脱型清理过程中会产生粉尘,一般需在工作区域配备专门的通风设施,以改善劳动条件。

2) 水爆清理

水爆清理是将浇注后冷却到一定温度的铸件连同铸型放入水池中,使水迅速进入铸型中,造成急剧汽化和增压而发生爆炸,把包裹在铸件上的铸型爆散清理下来。它是由进水、汽化、增压爆炸3个阶段所组成的。

(1) 进水。水在铸件入水时的动压头、静压头及铸型材料间隙的"毛细管"作用下,进入铸型材料内部,同时又沿铸粉颗粒之间的间隙向里层渗透并受热汽化。因此,在短时间内采取一切措施促使大量进水,是形成水爆的第一个基本条件。

(2) 汽化。水进入热铸型后受热汽化,蒸汽不断扩散。当蒸汽压力小于水的渗入压力时,水仍然向铸型内部深入,蒸汽

图8-1 机械挤压脱型机

量不断增加,蒸汽压力也随之加大。当蒸汽压力等于或超过水的渗入压力时,会出现蒸汽压力阻碍水继续渗进或降低进水速度的现象,这将影响水爆清理的效果。在进行水爆操作时采用在水中摆动铸型的方法,可促使铸型产生裂纹,增加水的动压头,加快进水和汽化的速度。因此,充分进水和加快汽化是形成水爆的第二个基本条件。

图 8-2 水爆清理池

（3）增压爆炸。增压爆炸是水爆清理过程的最后一个阶段。其压力主要来自两个方面：一方面是水不断汽化而增压；另一方面是已汽化的蒸汽在继续受热的条件下膨胀而增压。此外，还必须将蒸汽包围在一定的密封区域之中，否则蒸汽外泄，压力达不到要求，就会减弱水爆的效果。所以，创造一定的封闭条件和促使蒸汽压力急剧上升是形成水爆的第三个基本条件。

由于首饰铸型一般较小，因此水爆清理装置通常也较小，甚至有些企业简单地采用水筒，在长水流的配合下完成水爆清理。在生产批量较大或者铸造体量较大的工艺饰品等铸件时，需要专门设置水爆清理池，常见的是采用全不锈钢或不锈钢框架内衬PVC制作，这种水爆清理池具有较好的承压和耐蚀性能，如图 8-2 所示。

3）水力清理

水力清理是通过水的冲击力来清理包裹在铸件表面或内部的铸型材料。与干法机械清理相比，该方法避免了清理过程中产生大量的粉尘，应用广泛。水力清理相关设备依据自动化程度可大致分为高压冲洗机和自动石膏清洗机两大类。

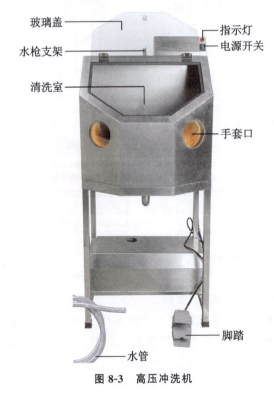

图 8-3 高压冲洗机

高压冲洗机是应用较广泛的首饰铸型清洗设备，如图 8-3 所示，其原理是通过高压泵将自来水转换成高压水，并使高压水通过管路到达高压水枪的喷嘴，然后将高压、低速的水转化为低压、高速的水射流出来，水射流以高的冲击动能持续作用在金属树表面，使铸粉脱落，达到清洗的目的。在冲洗机的前方两侧设置手套口，可以防止水从中喷出；在上方设置玻璃盖，方便观察冲洗室内部的情况。

自动石膏清洗机集钢盅夹持、铸件夹持、支撑、旋转、冲洗、废液收集等功能于一体，总体结构包括门盖、清洗室、控制面板、旋转手柄、废水过滤等装置，清洗室内部包括切割喷嘴、水喷头、夹头、支撑环、行程开关等组件，如图 8-4 所示。将铸型放置在支撑环上卡紧，通过切割喷嘴的高速射流对铸型进行冲刷，实现金属树与钢盅的脱型分离。然后将金属树固定在夹头上，利用水喷头进行高压冲刷，通过手柄转动夹头，将铸件各部位表面及包裹在内部的残余铸型冲洗干净。

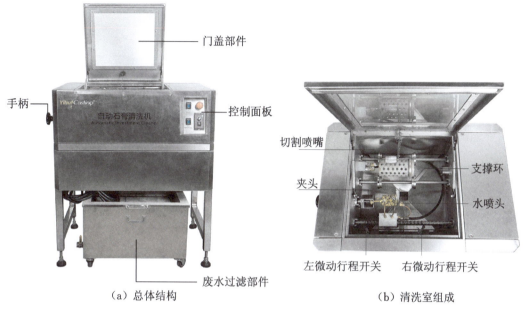

图 8-4　自动石膏清洗机

4. 石膏废液的处理

无论是采用水爆清理还是水力清理方式，都会产生含有大量废石膏铸型材料的乳白色废液，这些废液若直接排放，将对环境造成有害影响。因此，需要采取措施对废液进行处理。

当前，对石膏废液的主要处理方式是采用沉淀法，其基本原理是利用水流中悬浮固相颗粒向下沉淀时间小于水流流出沉淀池的时间，使悬浮固相与水流分离，从而实现水的净化。为此，在水爆清理和水力清理工作部位设置废液收集槽，它包括入水口、沉淀池和出水口等组成部分，如图 8-5 所示，在沉淀池内沿废液流经方向设置多个挡板，减缓废液流动的速度，使废液中的固相有充分的时间可以沉淀下来。为进一步净化尾液，部分首饰企业还专门设置了大型的室外沉淀池，将经过初级沉淀的废液再汇集到沉淀池中进一步净化，如图 8-6 所示。

5. 铸件浸酸

冲洗后的首饰金属树，难免在一些缝隙、内凹、盲孔等部位残留铸型材料，另外金属表面也常残留褐色薄膜或者黑色金属氧化物，在对金属树进行下一步操作之前，需要通过化学浸泡的方法将金属表面清理干净。

石膏铸型材料主要由耐火骨料和石膏黏结剂组成，耐火骨料一般采用二氧化硅质材料，在经过高温焙烧和铸造冷却后，二氧化硅发生了多次晶型转变，石膏部分变成了无水

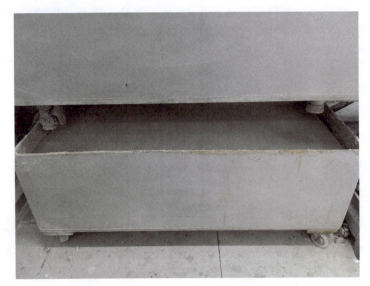

图 8-5　石膏废液收集槽

图 8-6　大型沉淀池

硫酸钙,降低了黏结强度。采用化学溶液浸泡的方法,目的是使残余铸型中的大部分组分发生反应,形成可溶性物质,使铸件表面得到进一步清理。多种无机酸可以溶解金属表面的氧化膜,但是对二氧化硅能明显起作用的基本只有氢氟酸,其反应式如下:$SiO_2 + 4HF = SiF_4\uparrow + 2H_2O$。生成物中的四氟化硅($SiF_4$)在常温下是一种无色、有毒、有刺激性臭味的气体。

因此,在实际生产中,广泛应用氢氟酸来浸泡首饰金属树。应依据金属材质的耐蚀性,选择相应浓度的氢氟酸溶液和浸泡时间。K金、足金、银首饰铸件浸泡时间为 20min,氢氟酸浓度为 20%～30%;紫铜、黄铜首饰铸件浸泡时间为 20min,氢氟酸浓度为 5%～

10%;铂金首饰铸件浸泡时间为60min,氢氟酸的浓度为50%～60%。由于氢氟酸具有强腐蚀性,要使用专门的塑料容器存放,而不能使用玻璃容器;操作时要注意安全,戴好塑胶手套和护目镜。

6. 车削残余水线

为减少后续执模的工作量,提高工作效率,目前大部分企业会在执模前增加车削水线的工序。它采用专门的水线车削机进行处理,包括旋转电机、金刚砂轮、透明密封罩、循环水管、金属粉回收筒、照明等组成部分,如图8-7所示。高速旋转的金刚砂轮可以快速将残余水线车掉,而循环水管一方面可以提供冷却水避免坯件发热,另一方面可以将车下的金属粉收集到回收筒中,避免干法作业时金属粉飞扬,有效降低贵金属损耗。

图8-7 水线车削机

7. 磁力抛光清理

浸酸后的铸件表面仍可能存在脏污、氧化膜、毛刺、铸粉残余等问题,增加执模的工作量。因此,多数厂家会对铸件进行磁力抛光清理。

磁力抛光清理原理如图8-8所示,它利用高频磁驱动磁场力量,产生强劲平稳的磁感效应,使不锈钢研磨针产生高速跳跃、流动、调头等动作,在铸件缝隙处、内凹处、死角位及表面产生整体化、多角度的摩擦,达到快速除脏污、去毛刺、除氧化薄膜等清理效果,而不伤及工件表面,不影响工件精度,还可以增加其表面硬度。

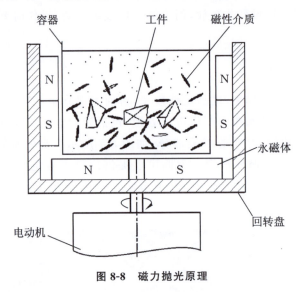

图 8-8 磁力抛光原理

8.1.2 任务单

从普通石膏铸型中清理 18K 白金首饰铸件,任务单如表 8-1 所示。

表 8-1 项目任务单

学习项目 8	铸件清理		
学习任务 1	普通石膏型铸造首饰铸件清理	学时	0.5
任务描述	根据铸型尺寸和铸件材质确定铸造后铸型静置冷却的时间,采用水爆清理法使金属树脱型,采用高压水枪冲洗金属树,采用氢氟酸浸泡金属树,将首饰铸件从金属树上分离,对首饰铸件进行归类和质量检验		
任务目标	①会确定浇注后对石膏铸型进行水爆清理的时间 ②会正确进行水爆清理操作 ③会采用高压水枪对金属树进行冲洗 ④会根据材质确定合适的氢氟酸浓度,并进行浸酸操作 ⑤会使用手工剪钳、气动剪钳或锯弓将铸件从金属树上分离 ⑥会对铸件进行归类 ⑦会识别常见的铸造缺陷		
对学生的要求	①熟悉首饰用金、银、铜及其合金的物理化学性质 ②严格执行水爆清理、高压冲水、浸酸、切割水线等操作工艺要求 ③按要求穿戴好手套、护目镜等劳动保护用品 ④实训完毕后对工作场所进行清理,保持场地卫生		

表8-1(续)

	实施步骤	使用工具/材料
明确实施计划	确定水爆清理时间	—
	水爆清理	铸型、水爆清理池、夹钳
	高压冲洗	高压冲洗机
	浸酸	夹钳、氢氟酸、劳保用品、金属树、回收桶等
	清洗烘干	金属树、吹风筒、热风炉、电子天平
	剪坏件	气动水口机、手持式剪钳
	车削残余水线	水线车削机、回收桶
	磁力抛光清理	抛光液、钢针、磁力抛光机
实施方式	3人为一小组,针对实施计划进行讨论,制订具体实施方案	
课前思考	①铸型水爆清理前的静置时间依据哪些因素确定? ②剪水线时如何避免伤及首饰铸件? ③磁力抛光清理的原理是什么?	
班级		组长
教师签字		日期

8.1.3 任务实施

本任务为石膏型铸造18K白金首饰铸件的清理方法。

1. 确定水爆清理时间

商业用18K白金大多采用镍作为漂白元素,是以金、镍、铜等为主构成的合金材料。这类材料在高温时为连续固溶体,塑性较好,而在温度较低时发生相分解,导致强度、硬度提高,但是韧性和塑性降低。在确定水爆清理时间时,需要综合考虑钢盅大小、产品结构等因素,力求铸造应力降低与水爆效果之间达到一个优化平衡。太早进行水爆清理,铸造应力过大,可能导致铸件变形或出现裂纹;而太晚进行水爆清理,清理的效果不好。对于外径在4in以下的钢盅,浇注后铸型在空气中的静置时间一般在10~15min;对于外径为4~6in的钢盅,静置时间一般为15~20min;对于更大的钢盅,静置时间应适当延长,并根据产品结构作相应调整。

2. 水爆清理

用夹钳将铸型夹稳,淬入水爆清理池内,如图8-9所示。高温铸型接触到冷水,瞬间产生水爆作用,并可听到低沉的爆震声。夹持铸型轻缓移动,使铸型充分与水接触,以获得良好的水爆效果。生产过程中须注意及时清理水爆池底沉积的废模料,保持清理池有足够的水深。

图 8-9 对铸型进行水爆清理

3. 高压冲洗

将金属树从钢盅中取出,放入高压冲洗机内,关闭观察窗。双手从橡胶手套中伸入冲洗室,将金属树拿稳对准喷嘴。脚踩脚踏开关,打开冲洗机,用高压水射流冲洗金属树。双手移动、翻转金属树,将各部位彻底冲洗干净,如图 8-10 所示。

图 8-10 冲洗后的金属树

4. 浸酸

采用浓度为25%的氢氟酸,戴好劳保用品,用夹钳夹牢金属树,小心放入酸液中,如图8-11所示,盖上盖子静置。浸泡20min后,将金属树夹出,在专用回收桶中蘸洗,然后在水流下彻底冲洗。观察金属树中有无残余铸粉,若有,还需返回继续浸泡。氢氟酸溶液使用一段时间后,效力降低,需要相应延长浸泡时间,或者补加新的酸液。

5. 清洗烘干

将金属树清洗干净,并用吹风筒或热风炉烘干金属树,如图8-12所示,称重,计算该炉次的熔炼铸造损耗。

图8-11 金属树浸酸

图8-12 烘干

6. 剪坯件

清理干净的首饰铸件仍为树状,需在其水线处剪断,分类、分品种,为下道工序做好生产准备工作。

由于铸件的水线均连接到树芯上,彼此间距离较近,而且水线与树芯呈一定角度,剪水线时不易下剪。因此,应按照从邻近浇注杯到树顶的顺序,依次将铸件从树芯上剪下。为避免伤及铸件,一般采用两步剪切法,先将水线在距离铸件一定长度的位置剪断,再将过长的水线剪掉。为提高生产效率,降低劳动强度,一次剪断时可采用气动水口机,如图8-13所示。在分剪各铸件时,采用手持式剪钳进行操作,如图8-14所示,便于控制剪切方向和水线

图8-13 采用气动水口机剪断水线

残余,一般在距离坯件1.5mm处为佳。水线残余过短时容易将毛坯剪变形或碰伤,过长时增加后续处理的工作量。

图8-14 采用剪钳将残留水线剪短

7. 车削残余水线

为提高工作效率,生产中优先采用水线车削机来车削残余水线。开机后,调节冷却水的流量,一般水滴速度为2～3滴/s为佳。观察工件水线的位置,确定工件的车磨角度。开机后,采用间断式紧贴钢轮的车法,如图8-15所示,一边车一边观察,尽量把水线位车平顺,注意不能车伤工件,尤其要注意钉、爪、槽位。车工件时,要按材质将金属粉接入容器分类。每次工件车完后,都要及时清理金属粉,到指定的回收桶中洗手,以尽可能减少贵金属损耗。

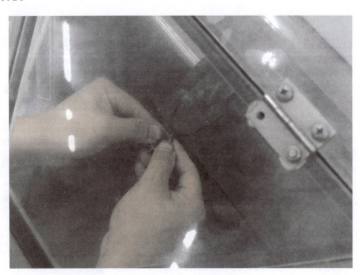

图8-15 车削残余水线

8. 磁力抛光清理

首先用抛光粉调配抛光液,抛光粉与水可按 3.5% 的质量比配制。再将钢针(直径 0.5mm 和 0.3mm,两者按 4∶1 的比例)放入容器中,如图 8-16 所示,工件质量每次依据抛光机型号而定,一般不超过 500g。转速根据首饰材质来选择,对于 K 白金,一般可选用 1800～2000r/min。分别设定顺时针、逆时针转的时间,一般设定每 5min 换向一次,总时间为 15～30min。注意:若容器中工件过大、放得过多,或设定的转向过于频繁时,会导致机器紧急停止工作。每日工作完毕后,要将设备擦拭干净,保持干爽清洁。钢针的颜色变暗时,应用中性洗洁剂进行清洗。新旧钢针不能混用,抛光液呈褐色时需更换。

(a)放入抛光材料和工件

(b)顺、逆转交替抛光

图 8-16 磁力抛光清理

8.1.4 任务评价

如表 8-2 所示,学生根据自身完成任务及课堂表现情况进行自评,之后教师进行评价打分。

表 8-2 任务评价单

评价标准	分值	学生自评	教师评分
能合理制定水爆清理工艺	10		
能高质量、高效率地完成首饰铸件的清理任务	40		

表8-2（续）

评价标准	分值	学生自评	教师评分
分工协作情况	10		
安全操作情况	10		
场地卫生	10		
回答问题的准确性	20		

8.1.5 课后拓展

1. 黄铜首饰铸件的水爆清理练习

（1）根据铸件材料性质、产品结构和铸型尺寸设定合适的水爆清理时间。
（2）按照工艺要求对浇注后的铸型进行水爆清理。
（3）按照工艺要求将铸造金属树冲洗干净。
（4）配制合适的酸浸泡液，按照工艺要求浸泡金属树。
（5）按照工艺要求剪取首饰铸件。
（6）按照工艺要求车削残余水线。
（7）按照工艺要求对首饰铸件进行磁力抛光。

2. 小组讨论

（1）如何保证水爆清理的效果？
（2）进行浸酸操作时有哪些安全注意事项？
（3）车削水线时要注意哪些事项？

▶▶ 任务8.2 蜡镶石膏型铸造首饰铸件清理 ◀◀

8.2.1 背景知识

1. 蜡镶宝石的松脱与碎裂

与传统的金镶工艺相比，蜡镶铸造工艺可以明显提高生产效率，降低生产成本，因而在首饰生产行业中得到了广泛应用。衡量蜡镶效果好坏的一个重要指标就是宝石的稳定性，蜡镶铸造后的宝石不能出现松脱、变色、碎裂等问题。但是，蜡镶铸造是一个复杂的工艺过程，由于宝石要经受一系列的温度变化和热冲击等引起的热应力，以及铸造收缩过程中产生的机械应力等,因而存在松脱、破裂、变色等风险,特别是在迫镶多粒宝石时,很容易发生碎裂问题,给企业造成巨大的经济损失,而且宝石破裂后,处理起来很困难,需要将破裂的宝石拆下来,再在原位用金镶方法补充,这大大影响了生产成本和效率。

宝石承受热冲击的能力较差,铸造后的蜡镶铸型,若在高温时进行脱型,脱型后的宝石在快速冷却过程中产生很大的热应力,宝石出现碎裂的风险很高,尤其是采用有内裂的宝石进行蜡镶铸造时,更容易引起碎裂,如图 8-17 所示。因此,蜡镶铸造的首饰铸件是不适合采用水爆清理的,必须将铸型缓慢冷却到低温状态,才能进行脱型处理,比较适合的脱型清理方式是机械挤压脱型。

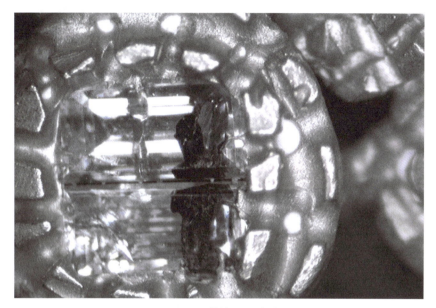

图 8-17　蜡镶宝石碎裂

为使宝石获得良好的外观效果,一般在镶嵌时不采用粗大的钉(爪),或者宽大厚壁的边来固定宝石,而应采用比较纤细的蜡钉(爪)或薄壁、狭窄的蜡边进行镶嵌,铸造后它们被金属取代,使宝石固定在镶嵌部位。这种结构对宝石的支撑作用是比较弱的,在受到外力时,一旦外力作用超过金属强度,就可能引起金属镶嵌部位的变形,导致宝石移位甚至松脱,如图 8-18 所示。

在铸件清理过程中,采用机械挤压脱型时,如果挤压力直接作用到金属树上,在铸型的阻碍作用下,金属树上某些部位的铸件可能受力变形而引起宝石松脱。特别是当挤压杆为实心圆柱时,容易将挤压力传导到铸件上,引起铸件的变形断裂,导致宝石掉落。为此,需要将挤压杆设置成分散片状,如图 8-19 所示,这样可以使大部分的挤压力只作用在接触部位,并使该部位的铸型溃散,不影响距离较远的铸件。如果将挤压压头设置成薄壁的筒状,外径略小于钢盅的内径,则在挤压过程中只有筒壁楔入铸型中,使邻近筒壁的薄层铸型溃散,而几乎不影响周边的铸型,对铸件产生的挤压影响也就大大减小了。

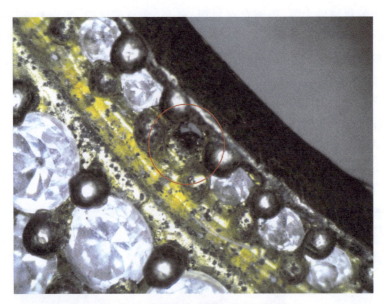

图 8-18 蜡镶铸造首饰上的宝石掉落

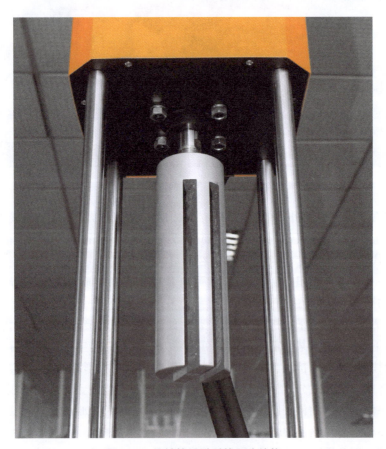

图 8-19 机械挤压脱型的压头结构

蜡镶铸造金属树脱型后,仍被石膏铸型所包裹,需采用高压冲洗机进行冲洗。冲洗前应确定金属树温度已降至工艺要求范围,才能进行冲洗。由于蜡镶结构纤细,抗冲刷能力较弱,冲洗时要特别注意射流的力度和角度,避免将镶嵌部位冲变形,引起宝石松脱。

2. 蜡镶铸件的浸酸处理

首饰铸造树在冲洗后一般需要浸泡氢氟酸,以除去铸件表面残留的铸粉、氧化膜、夹杂物等。但是对于蜡镶铸件,除了金属本体外,铸件上还镶嵌了宝石。因此,需要根据宝石的性质来确定是否适合浸酸处理。在常见的宝石中,水晶、黑曜石等二氧化硅质宝石,以及海蓝宝石、绿柱石、托帕石等硅酸盐质宝石,可以被氢氟酸腐蚀,因此不适合采用氢氟酸浸泡。

8.2.2 任务单

蜡镶石膏型铸造首饰铸件的清理任务单如表 8-3 所示。

表 8-3 项目任务单

学习项目 8	铸件清理		
学习任务 2	蜡镶石膏型铸造首饰铸件清理	学时	0.5
任务描述	将浇注后的蜡镶铸型静置在空气中,使其冷却,采用铸型挤压机使金属树脱型。采用高压水枪冲洗金属树,采用氢氟酸浸泡金属树,将蜡镶首饰铸件从金属树上分离,对蜡镶首饰铸件进行归类和质量检验		
任务目标	①掌握蜡镶铸型焙烧及浇注后的性能特点 ②会制定蜡镶首饰铸件的清理工艺 ③会进行蜡镶首饰铸件的清理操作 ④会将铸件从金属树上分离 ⑤会识别常见的蜡镶铸造缺陷		
对学生的要求	①熟悉首饰坯件材料以及蜡镶宝石材料的物理化学性质 ②严格执行机械脱型、高压冲水、浸酸、切割水线等操作工艺要求 ③按要求穿戴好手套、护目镜等劳动保护用品,注意安全操作 ④实训完毕后对工作场所进行清理,保持场地卫生		
明确实施计划	实施步骤	使用工具/材料	
	铸型静置	铸型、托架	
	机械挤压脱型	铸型挤压机	
	高压冲洗	自动石膏清洗机	
	剪切水线	吹风筒、电子天平、气动水口机、手持式剪钳、水线车削机	
	磁力抛光清理	磁力抛光机、夹具	

表8-3（续）

实施方式	3人为一小组，针对实施计划进行讨论，制订具体实施方案		
课前思考	①对于蜡镶首饰铸件，能否采用水爆清理？ ②对蜡镶首饰铸件进行浸酸处理有什么要求？		
班级		组长	
教师签字		日期	

8.2.3 任务实施

本任务采用铸型挤压机和自动石膏清洗机，清理蜡镶宝石首饰的金属铸造树。

1. 铸型静置

铸造后，将铸型悬空放置在托架上，如图 8-20 所示，使整个铸型均匀冷却，直至铸型温度降低至 100℃左右。

2. 机械挤压脱型

将铸型倒置，钢盅的法兰边卡在挤压室的口沿，保持铸型竖直。启动挤压机，使挤压杆缓慢下行，将金属树挤出，如图 8-21 所示。

图 8-20　铸型静置冷却

图 8-21　对钢盅进行挤压脱型

3. 高压冲洗

当挤压出来的铸型连同包裹的金属树温度降低到50℃以下时,将其放入自动石膏清洗机内,同时将钢盅也放入其中,设定额定水压为11MPa,启动冲洗机,对金属树和钢盅进行冲洗。钢盅和金属树在冲洗过程中要不停旋转,以便各部位能冲洗到位,如图8-22所示。另外,在冲洗机的回流口设置过滤网,防止宝石被冲掉后流到沉淀池中,增加找寻难度。

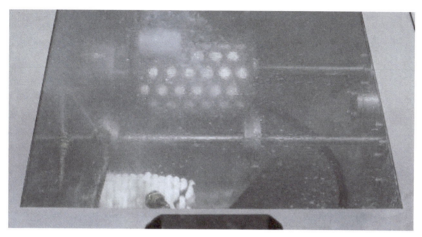

图 8-22 蜡镶金属树的冲洗

4. 剪切水线

金属树在冲洗干净后,烘干,称重,计算熔炼铸造损耗。然后进行剪切水线和车削残余水线操作。操作方法同 8.1.3 参考案例。

5. 磁力抛光清理

对剪下的金属树芯、蜡镶铸件分别进行磁力抛光清理,前者便于金属回用,后者可以对高压冲洗不充分的部位,如镶座底、镶口周围等进行进一步清理。为防止蜡镶铸件在磁力清理过程中互相碰撞而引起开裂,可专门制作一个工装夹具,如图8-23所示,将铸件分别拴扎在夹具上,使它们之间不发生相互碰撞,但是每个铸件可以相对灵活地翻转换向,对清理效果无大的影响。

图 8-23 蜡镶铸件磁力抛光清理用夹具

8.2.4 任务评价

如表 8-4 所示,学生根据自身完成任务及课堂表现情况进行自评,之后教师进行评价打分。

表 8-4 任务评价单

评价标准	分值	学生自评	教师评分
正确制定蜡镶首饰铸件的清理方案	10		
能高质量、高效率地完成蜡镶首饰铸件的清理任务	40		
分工协作情况	10		
安全操作情况	10		
场地卫生	10		
回答问题的准确性	20		

8.2.5 课后拓展

1. 925银首饰蜡镶合成立方氧化锆的铸件清理

(1) 根据金属和宝石性质确定脱型时间。
(2) 根据工艺要求对蜡镶金属树进行机械挤压脱型。
(3) 根据工艺要求对蜡镶金属树进行冲洗。
(4) 根据工艺要求对蜡镶金属树进行浸酸处理。
(5) 根据工艺要求剪取蜡镶首饰铸件。
(6) 根据工艺要求车削残余水线。
(7) 根据工艺要求对蜡镶首饰铸件进行磁力抛光清理。

2. 小组讨论

(1) 蜡镶首饰铸件在清理过程中有哪些特殊性？
(2) 如何减少蜡镶铸件清理中的宝石碎裂问题？
(3) 如何减少蜡镶铸件清理中的宝石松脱问题？
(4) 对蜡镶首饰铸件进行磁力抛光清理时有哪些注意事项？

▶▶ 任务8.3　酸黏结陶瓷型铸造首饰铸件清理 ◀◀

8.3.1 背景知识

1. 酸黏结陶瓷铸型水爆清理

对于铂金、钯金、不锈钢、钴合金等高熔点材料的首饰铸造，酸黏结陶瓷铸型是当前最主要的成型方法。对酸黏结铸粉浆料进行高温焙烧后,其中的原版材料烧失气化,水分完全除去,同时铸型耐火材料也在黏结剂的作用下固结并陶瓷化。与石膏型相比,酸黏结陶瓷型具有很高的高温强度,同时在金属液浇注后仍有较高的残留强度,铸型退让性不佳,阻碍了铸件的凝固收缩和冷却收缩,导致铸件内部铸造应力增加,使铸件存在热裂、变形、冷裂等风险。

陶瓷铸型的残留强度高,溃散性比石膏型差许多,因此金属铸造树脱型和铸件清理的难度大大增加,需要充分了解金属材料的物理、化学和力学性能,制定相应的铸件清理方案。若仅采用机械挤压或振动方式脱型,由于陶瓷铸型的硬度高,不容易碎裂,因而清理难度较大,容易导致铸件变形和表面划伤,也容易导致钢盅变形。在金属铸件能承受热冲击的前提下,应优先考虑结合水爆清理工艺,利用高温下的蒸汽爆破力将铸型爆裂脱型,同时为高压冲水清理创造有利条件。水爆清理时铸型入水温度越高,产生的爆裂作用越强,不过,铸件受到的热冲击作用也越大。因此,需要紧密结合首饰金属材料性质及产品结构特点来确定水爆清理工艺方案。

足铂、Pt950Ir50、Pt950Pd50 等韧塑性高的铂金首饰材料对热冲击并不敏感,对于此类材料制成的铸型,可采取高温水爆清理方式,即便在浇注结束后数十秒内将铸型淬水,铸件也基本不会发生爆裂问题。但是,对于成色低一些的 Pt900、Pt850 铂合金,以及部分对热冲击敏感的 Pt950 合金,需要适当降低铸型淬水的温度。

对于不锈钢、钴合金等非贵金属首饰材料,由于它们的导热性通常比贵金属差,在铸件冷却过程中会出现相变,韧塑性降低,因此,要综合考虑热应力、相变应力和机械阻碍应力,确定合适的铸型淬水温度。

2．剪切水线

由于在铂金首饰铸造过程中其金属液黏度高,保持液态时间短,流动性较差,为改善金属液充型和补缩性能,铂金首饰的水线一般会比金银首饰的水线设置得更粗大。因此,铂金首饰铸件的水线剪切难度增加,更容易导致铸件变形。在剪切水线时,需要根据水线直径选择相应的剪切方法,防止铸件变形,必要时应结合锯弓或者小切片进行切割。

3．磁力抛光清理

磁力抛光是清理铸件的有效手段,但是不同类型的金属材料,其强度和硬度不同,对磁力抛光的工艺要求也有区别。常见的 Pt990、Pt950 等高成色铂金的硬度低,若采用过高的转速进行清理,容易导致表面划痕,粗糙度增加。铂金首饰与 K 金首饰混在一起进行磁力抛光清理时,表面容易出现碰痕、划痕。

8.3.2 任务单

酸黏结陶瓷型铸造首饰铸件的清理任务单如表 8-5 所示。

表 8-5 项目任务单

学习项目 8	铸件清理		
学习任务 3	酸黏结陶瓷型铸造首饰铸件清理	学时	0.5
任务描述	采用水爆清理陶瓷型铸造金属树,采用高压冲洗机冲洗金属树,采用氢氟酸浸泡金属树,剪切首饰铸件的水线,车削残余水线,对首饰铸件进行磁力抛光清理		
任务目标	①掌握酸黏结陶瓷型焙烧及浇注后的性能特点 ②掌握酸黏结陶瓷型铸造首饰金属树的脱型方法 ③掌握酸黏结陶瓷型铸造首饰铸件的冲洗方法 ④掌握酸黏结陶瓷型铸造首饰铸件的浸酸方法		
对学生的要求	①熟悉首饰坯件材料以及酸黏结陶瓷铸型的物理化学性质 ②熟悉陶瓷型铸造金属树的清理工艺过程 ③严格执行水爆清理脱型、高压冲水、浸酸、切割水线等操作工艺要求 ④按要求穿戴好手套、护目镜等劳动保护用品,注意安全操作 ⑤实训完毕后对工作场所进行清理,保持场地卫生		
明确实施计划	实施步骤	使用工具/材料	
	水爆清理	水爆清理池、钢盅、夹钳	
	高压冲洗	高压冲洗机、钢钎、机针	
	浸酸	氢氟酸溶液	
	剪切水线	剪钳、锯弓	
	车削残余水线	水线车削机	
	磁力抛光清理	磁力抛光机	
实施方式	3 人为一小组,针对实施计划进行讨论,制订具体实施方案		
课前思考	①酸黏结陶瓷型清理与石膏型清理相比有何特点? ②酸黏结陶瓷型铸造首饰铸件清理的基本工艺过程有哪些?		
班级		组长	
教师签字		日期	

8.3.3 任务实施

本任务为酸黏结陶瓷型、真空离心铸造 Pt950 首饰铸件的清理方法。

1. 水爆清理

采用真空离心铸造 Pt950 首饰,钢盅为直筒形,筒壁无孔。浇注时铸型温度为 900℃,金属液温度为 1880℃。浇注后待设备停止运转,用夹钳取出铸型,淬入水爆清理池中进行水爆清理,得到被铸型材料包裹的金属树,残留铸型材料形成了互相连通的裂纹网,如图 8-24 所示。

图 8-24 水爆清理后的 Pt950 金属树

2. 高压冲洗

采用高压冲洗机冲洗包裹着金属树的铸型,以及嵌在铸件内凹、缝隙等部位的铸型,由于陶瓷型铸型残余不易溃散,单纯依靠射流冲洗,不能将一些隐藏处的铸型清理干净,因此有时需要借助一些细小的钢钎、机针等工具进行辅助清理,如图 8-25 所示,并继续进行冲洗。

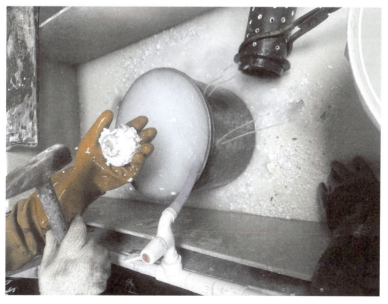

图 8-25 采用手工工具辅助清理铸件

3. 浸酸

由于酸黏结陶瓷铸型的残留强度高,结构较致密,而 Pt950 合金具有优异的耐蚀性,为此可采用高浓度氢氟酸,通常将其浓度调配到 55%,浸泡时间约 1h,可获得良好的浸泡清理效果。

4. 剪切水线

对于水线直径在 3.5mm 以下的铸件,一般可采用剪钳处理。但是当水线直径达到 4mm 或者更大时,采用剪钳剪切时,铸件有变形的风险,可以先采用气动剪钳在靠近树芯处剪断,再采用锯弓在靠近铸件表面的位置锯断,如图 8-26 所示。

图 8-26　锯切水线

5. 车削残余水线

采用水线车削机将残余水线车掉,方法如前述。

6. 磁力抛光清理

将铸件放入磁力抛光桶中,设置转速为 800~900r/min,设定 5min 换向一次,抛光总时间为 20~30min。

8.3.4　任务评价

如表 8-6 所示,学生根据自身完成任务及课堂表现情况进行自评,之后教师进行评价打分。

表 8-6　任务评价

评价标准	分值	学生自评	教师评分
正确制定陶瓷型铸造铂金首饰铸件的清理方案	10		
能高质量、高效率地完成铂金首饰铸件的清理任务	40		
分工协作情况	10		
安全操作情况	10		
场地卫生	10		
回答问题的准确性	20		

8.3.5　课后拓展

1. 酸黏结陶瓷型铸造不锈钢首饰铸件的清理

(1) 根据金属材料和铸型性质确定水爆清理时间。
(2) 根据工艺要求对首饰铸造树进行水爆清理。
(3) 根据工艺要求对首饰铸造树进行冲洗。
(4) 根据工艺要求对首饰铸造树进行浸酸处理。
(5) 根据工艺要求剪切首饰铸件水线,并车削残余水线。
(6) 根据工艺要求对首饰铸件进行磁力抛光清理。

2. 小组讨论

(1) 对酸黏结陶瓷型铸造首饰铸件进行水爆清理的操作要求有哪些?
(2) 如何将首饰铸件在缝隙、盲孔等部位的铸型清理干净?

▶▶任务 8.4　首饰铸造质量检验◀◀

8.4.1　背景知识

首饰铸造是涉及多个工序的复杂工艺过程,影响铸造质量的因素很多,容易出现各种各样的问题。

1. 外观检测工具设备

首饰外观质量检验中,需要对细节部位的质量进行检验,而人眼对客观物体细节的分辨能力是有限的,一般能分辨的最小长度在 0.15～0.30mm 之间,因此必须借助放大镜、显微镜等观察工具。

放大镜是用来观察物体细节的简单目视光学器件,是焦距比眼的明视距离小得多的会聚透镜。其放大原理是:物体在人眼视网膜上所成像的大小正比于物对眼所张的角(视角)。视角越大,像也越大,越能分辨物体的细节。使用放大镜时,一只手执放大镜,使其贴近眼睛,另一只手用食指和拇指捏住首饰并靠近放大镜,直到眼睛可以清晰观察到所需的首饰部位。移近物体可增大视角,但会受到眼睛调焦能力的限制。首饰行业中使用最多的放大镜的倍率是10倍,如图8-27所示,它由3个透镜构成。合格的放大镜应清晰度高,并且能消除影响观察宝石的球面像差和色像差。

体视显微镜是一种具有正像立体感的目视仪器。其光学结构原理是:由一个共用的初级物镜对物体成像,成像后的两个光束被两组中间物镜(亦称变焦镜)分开,并组成一定的角度(称为体视角,一般为$12°\sim15°$),再经各自的目镜成像,为左右两眼提供一个具有立体感的图像。通过改变中间镜组之间的距离使放大倍率相应改变。体视显微镜不仅可以通过目镜作显微观察,还可通过各种数码接口和数码相机、摄像头、电子目镜和图像分析软件组成数码成像系统接入计算机,在显示屏幕上观察实时动态图像,并能将所需要的图片进行编辑、保存和打印,如图8-28所示。

图8-27 首饰检验用放大镜

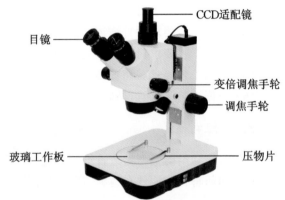

图8-28 带数码摄像系统的体视显微镜

体视显微镜具有以下特点:①视场直径大、焦深大,这样便于观察被检测物体的全部层面;②虽然放大倍率不如常规显微镜,但其工作距离很长;③由于目镜下方的棱镜把像倒转过来,因此像是直立的,便于操作。

首饰检验用体视显微镜的典型技术参数如下:目镜放大倍数为10倍,视场直径为20mm;物镜采用转鼓连续变倍,范围为$0.7\sim4.5$倍;总放大倍数为$7\sim45$倍;变倍比为6.5∶1。

2. 气孔类缺陷

气孔类缺陷是外来气体或金属液内析出气体被包裹在金属中形成的孔洞类缺陷,其特征是呈圆形或不规则的孔洞,孔洞内壁一般较光滑,如图8-29所示,颜色为金属色或者氧化色,当与渣孔、缩孔伴生在一起时较难区别。气孔会影响铸件表面质量,使首饰难以获得平整光亮的抛光面。气孔减少了工件的有效截面,会对工件的机械性能产生一定的影响,影响的大小则视气孔的尺寸和形状而定。根据产生机理的不同,气孔可分为反应性气孔、析出性气孔和卷入性气孔。

图 8-29　Pt950 戒指柄上的气孔

反应性气孔是指金属液与内部或外部因素发生化学反应,产生气体而形成的气孔,可分为内生式和外生式两类。内生式反应气孔是指金属液凝固时,金属本身化学元素与溶解于金属液的化合物,或化合物之间发生化学反应,产生气体而形成的气孔。外生式反应气孔是指金属液与铸型、熔渣、氧化膜等外部因素发生化学反应,产生气体而形成的气孔。根据其特征,外生式反应气孔可分为皮下气孔、表面气孔、内部气孔。

析出性气孔是指溶解在金属液中的气体析出形成的气孔。气体在高温液态时溶解度高,温度下降,溶解度也随之下降,当金属由液态转变为固态时,气体溶解度急剧降低,溶解不了的气体会析出,若析出的气体来不及排出而被凝固枝晶所包裹,则形成析出性气孔。

卷入性气孔是指在浇注过程中卷入气体,气体在凝固过程中来不及逃逸,留在铸件内形成的气孔。其特点是分布没有规律性,多呈孤立状分布,有些气孔的体积较大。

3. 收缩类缺陷

铸造合金在液态、凝固和固态冷却的过程中,由于温度的降低而发生体积减小的现象,称为铸造合金的收缩。收缩是铸件中许多缺陷,如缩孔、缩松、应力、变形和裂纹等产生的基本原因,是铸造合金的重要铸造性能之一。它对铸件(如获得符合要求的几何形状和尺寸,致密的优质铸件)有很大的影响。

铸造合金由液态转变为常温时的体积改变量,称为体积收缩。合金在固态时的收缩,除了用体积改变量表示外,还可用长度改变量来表示,称为线收缩。合金在收缩时要经历 3 个阶段:液态收缩阶段、凝固收缩阶段和固态收缩阶段。

液态收缩:指液态合金从浇注温度冷却至开始凝固的液相线温度时产生的收缩,表现为型腔内液面的降低。

凝固收缩:对于具有一定温度范围的合金,由液态转变为固态时,由于合金处于凝固状态,故称为凝固收缩。这类合金的凝固收缩主要包括温度降低(与合金的结晶温度范围有关)和状态改变(状态改变时的体积变化)两部分。

固态收缩:指铸造合金从固相线温度冷却到室温状态所产生的收缩。在实际生产中,由于固态收缩往往表现为铸件外形尺寸的减小,因此一般采用线收缩率来表示。铸造合金的线收缩不仅对铸件的尺寸精度有直接影响,而且是铸件中产生应力、裂纹、变形的基本原因。

铸件的铸造收缩率不仅与所用合金的因素有关,而且与铸型工艺特点、铸件结构形状以及合金在熔炼过程中溶解气体量等因素有关。液态收缩和凝固收缩是铸件产生缩孔及缩松的基本原因。

铸件在冷却凝固过程中,由于合金的液态收缩和凝固收缩,往往在铸件最后凝固的地方出现孔洞。大而集中的孔洞称为缩孔,小而且分散的孔洞称为缩松,如图 8-30 所示。缩孔、缩松的形状不规则,表面粗糙,可以看到发达的树枝晶末梢,故可以明显地与气孔区别开来。铸件中若有缩孔、缩松存在,会使铸件有效承载面积减小,并引起应力集中,使铸件的力学性能明显降低,同时还降低铸件的物理化学性能,损害表面的致密度和抛光性能。

图 8-30　首饰铸件表面缩松缺陷

4. 流动性缺陷

当金属液流动充填性能不好时,就容易出现残缺、冷隔等缺陷。残缺是指金属液未能充满铸型型腔而形成不完整的铸件,如图 8-31 所示,其特点是铸件壁上具有光滑圆边的穿孔,或者铸件的一个或多个末端未充满金属液。冷隔是指在铸件中因两处金属未能完全熔合而存在明显的不连续性缺陷,其外观常表现为类似裂纹的痕迹,但与裂纹相比,它们的边较光顺,痕迹周围表面轻微起皱。

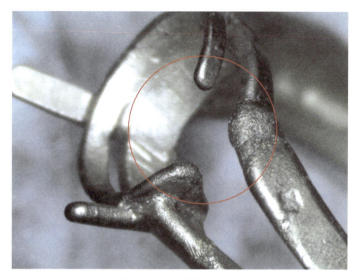

图 8-31　首饰铸件残缺

5. 表面粗糙类缺陷

表面粗糙是指铸造坯件表面不平整、光滑,存在披锋、砂眼等缺陷,如图 8-32 所示。披锋是指黏附在铸件边缘的不规则的材料薄片,又称"飞边"。首饰铸件上出现的表面粗糙类缺陷与原版质量、蜡模质量、铸型质量和铸造工艺密切相关。当铸型强度低、铸粉颗粒剥落时,就会形成粗糙表面;当铸型开裂时,就会导致铸件披锋;当剥落的铸粉颗粒或者外来夹杂物没有及时排出型腔时,就会陷在型腔某处而导致砂孔缺陷。由于这些物质比金属液轻,如果时间和条件允许,它们将漂浮到铸件表面,因此砂孔经常在铸件表面或近表面处出现。

图 8-32　首饰铸件表面粗糙

8.4.2 任务单

对首饰铸件的铸造质量进行检验,识别常见首饰铸件的铸造缺陷,分析缺陷成因和解决措施,任务单如表 8-7 所示。

表 8-7 项目任务单

学习项目 8	铸件清理		
学习任务 4	首饰铸造质量检验	学时	2
任务描述	运用放大镜、体视显微镜等工具检查首饰铸件质量,对发现的缺陷进行标识,判断缺陷类别,分析缺陷成因,提出解决措施		
任务目标	①能正确运用放大镜、体视显微镜、游标卡尺等检查首饰铸件质量 ②懂得识别首饰铸件气孔、砂眼、缩松等常见缺陷及其特征 ③了解气孔、砂眼、缩松等常见首饰铸造缺陷的成因 ④能针对常见首饰铸造缺陷提出相应的解决措施		
对学生的要求	①正确使用放大镜、体视显微镜、游标卡尺等检查工具设备 ②做好相关检查记录 ③查阅资料,对缺陷成因进行深入分析 ④保管好检查样品 ⑤实训完毕后对工作场所进行清理,保持场地卫生		
明确实施计划	实施步骤	使用工具/材料	
	准备铸件样板、质量检验记录表	首饰铸件	
	目视检验及总体评价	放大镜	
	显微检验及缺陷识别	体视显微镜	
	缺陷成因分析	—	
实施方式	3 人为一小组,针对实施计划进行讨论,制订具体实施方案		
课前思考	①首饰铸造质量检验的主要内容是什么? ②流动性缺陷主要有哪几种? ③气孔类缺陷有哪些特征?		
班级		组长	
教师签字		日期	

8.4.3 任务实施

采用放大镜、体视显微镜观察首饰铸件试样,拍摄典型缺陷,分析其产生的可能原因,如表 8-8 所示。

表 8-8　首饰铸件试样的缺陷与可能成因

铸造缺陷	缺陷图例	可能成因
出现披锋、毛刺		①铸粉与水的比例不当,用水偏多 ②开粉后铸型在静置时被搬动 ③焙烧炉升温过快 ④铸型进炉前放置时间过长,型腔内部干裂
表面有凸起金珠		①水粉比不当,用水偏少 ②开粉操作工作时间过长 ③抽真空机运转不正常
表面粗糙		①蜡件表面粗糙 ②铸粉质量差或已失效 ③焙烧升温过快
铸件残缺		①水线设置或蜡树种植不合理 ②铸造金属温度偏低 ③浇注时铸型温度偏低 ④铸造用金属用量不足

表8-8（续）

铸造缺陷	缺陷图例	可能成因
出现气孔	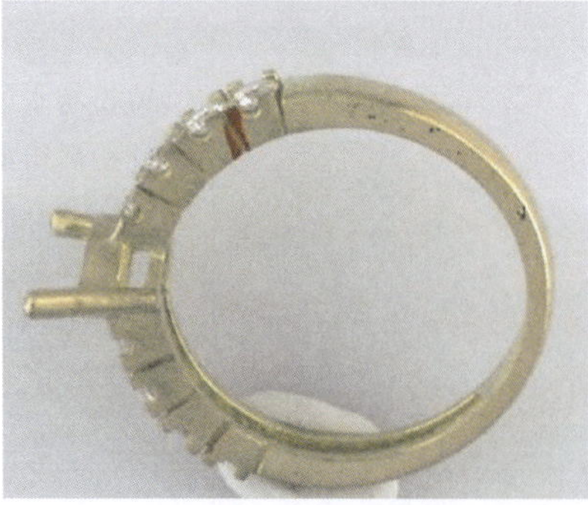	①铸造金属温度偏高 ②铸型未完全烧透 ③铸造时回用料占比太多 ④熔炼过程中吸气严重
出现缩孔		①金属液浇注温度过高 ②铸型温度过高 ③水线位置或尺寸不当 ④浇注压力不够

8.4.4 任务评价

如表8-9所示，学生根据自身完成任务及课堂表现情况进行自评，之后教师进行评价打分。

表8-9 任务评价单

评价标准	分值	学生自评	教师评分
正确制作首饰铸件质量检验记录表	10		
能高质量、高效率地完成首饰铸件质量检验及缺陷分析任务	50		
分工协作情况	10		
场地卫生	10		
回答问题的准确性	20		

8.4.5 课后拓展

1. 首饰铸件质量检验与缺陷分析

(1) 制作首饰铸件质量检验记录表。
(2) 采用目视法和放大镜对首饰铸件整体质量进行检查。
(3) 采用体视显微镜观察首饰铸件缺陷,描述其形貌特征,拍摄照片。
(4) 对首饰铸造缺陷的成因进行分析。

2. 小组讨论

(1) 缩松产生的机理是什么?
(2) 如何改善铸件表面粗糙度?
(3) 有哪些因素会导致铸件变形?